儿童高营养面食

爱厨房 著

北京科学技术出版社

目录

Chapter 1
发面面团类

Chapter 2
水调面团类

Chapter 3
其他类

1

Chapter

发面面团类

包子、馒头、花卷等将面团发酵后制成的面食，我们称之为“发面面食”。本章介绍了发面的制作方法以及44款家庭手作发面面食，从馒头、花卷到包子，一应俱全！

发面面团的制作

包子、馒头、花卷等是将面团发酵后制成的面食，我们称之为“发面面食”。

家庭制作的发面面食，一般用面肥或酵母等生物膨松剂使面团发酵。（市场上还有如泡打粉等化学膨松剂，但不推荐使用。）

面肥是将发好的面留下一小块作为下次发面的“种子”。面肥中含有杂菌，发酵时间较长，用面肥发酵好的面团有酸味，需要加碱中和。所以，对新手来说，用面肥发面操作起来比较麻烦。用酵母发酵时间相对较短，而且发酵好的面团一般没有酸味，无须加碱中和，操作起来比较方便。

酵母分为鲜酵母和干酵母。鲜酵母要冷藏保存，而且保存的时间不宜太久；干酵母无须冷藏保存，保存期较长而且便于运输，在市场上更容易买到。所以，本书中选用活性干酵母给面团发酵。

让面团发酵得恰到好处是制作发面面食的关键。这里总结了几点发面的小经验。

1. 酵母的用量及保存。做中式的发面面食，干酵母的用量一般为面粉用量的 0.6%~1%。夏天气温高可以少放一些酵母，冬天气温低可以多放一些。一般家庭使用，建议买小袋的酵母，以免开袋后使用时间太长、酵母与空气接触而失去活性。用后将袋口密封好，放在阴凉干燥处——最好放入冰箱——保存，注意防潮。

2. 酵母的活化。先将干酵母放入少量温水中搅匀，静置约 5 分钟让干酵母溶解活化后再使用。直接将干酵母放入面粉中，面团不一定发不起来，但是先将酵母活化效果会更好。另外，还可添加 1 茶匙白糖，这样更利于酵母菌的生长，从而使面团发酵得更好。但是，要注意白糖的用量，最好不要超过面粉用量的 6%，否则会抑制酵母菌的生长。

3. 和面的水温以 30℃左右为宜。这个温度最适合酵母菌生长，水温不可过高（不能高于 47℃），水温太高容易将酵母菌烫死，从而导致面团发酵失败。我们家庭操作虽然对水温要求不那么精准，但是也要注意。可用手背试一试水温，以不烫手为宜。

4. 面团发酵所需的时间与温度。面团发酵所需时间的长短，与外界温度有很大的关系，30℃左右为最适宜的温度。正常情况下，1~1.5 小时面团就发酵好了。温度偏高或偏低都需要缩短或延长发酵时间。面团揉好后，用湿纱布或盖子盖好。夏天气温高，面团可直接放在室温下发酵。冬天气温低，面团要放在温暖的地方发酵。最简单的方法是烧一锅水，将装有面团的容器放在锅里，盖上锅盖。其间察看水温，变凉后再稍加热即可。

5. 如何判断面团是否发酵好了？我们判断面团是否发酵好的简单方法为：用手指沾上面粉插入面团中，如果手指抽出后周围的面团不反弹不下陷，说明发酵得刚好；如果周围的面团迅速反弹，说明发酵得还不够；如果周围的面团迅速下陷，说明面团发酵过度了。一般来说，当面团膨胀至 2 倍大且里面布满蜂窝状的小孔时说明面团已经发酵好了。

6. 面团发酵好后，需要先排气再使用。发酵好的面团，里面布满了蜂窝状的小孔并充满了空气，需要反复揉压将里面的空气排出，再次揉光滑，切开后面团里面不能有大的气孔。这一次揉压得是否充分，直接决定了成品的外观和口感。排气后的面团稍稍松弛后就可根据需要制作不同的面食了。

10
11
12
13
14
15
16
17
18

做法

❶ 将酵母放入温水中，搅匀后静置几分钟使酵母完全溶解。
❷ 酵母水倒入面粉中，边倒边用筷子搅拌。
❸ 将面粉搅成絮状。
❹ 用手将面絮抓揉在一起。
❺ 揉成一个粗糙的面团。
❻ 将面团取出放在案板上（也可直接在盆里揉面，取出放在案板上好操作一些）。一只手按住面团的一端，另一只手的手腕用力将面团朝前推揉出去。
❼ 用手指顺势钩住面团并将面团拉回来。
❽ 重复步骤 6~7，反复揉搓几次，将面团揉成筒状。
❾ 把面团竖起来，与之前一样一只手按住面团，另一只手的手腕用力将面团朝前推揉出去。
❿ 再用手指钩住面团并将面团拉回来，如此反复多次。
⓫ 揉成表面光滑细腻的面团。
⓬ 将揉好的面团放入容器中。
⓭ 盖上盖子或湿纱布，静置 1~1.5 小时，让面团发酵。
⓮ 面团发酵至原来的 2 倍大。
⓯ 撕开面团，里面布满蜂窝状的小孔，说明已经发酵好了。
⓰ 发酵好的面团需要先排气再使用。将发酵好的面团取出，放在撒有少量面粉的案板上，再次反复揉压，揉面的方法与之前相同。
⓱ 切开检查一下，揉好的面团里面不能有大的气孔。
⓲ 再次揉成表面光滑的面团，然后盖上湿纱布静置一会儿，再根据需要制作不同的发面面食。

TIPS

1. 和面时水的用量会因为所用面粉的吸水量不同而有所改变，需要根据实际情况调整。对新手来说，和面的时候，水可分 3 次加入。先将酵母放入 70% 的水中溶解，然后倒入面粉中搅匀，再加入 20% 的水，最后 10% 的水视情况而定，这样就比较好掌握了。
2. 制作南瓜面团或紫薯面团时，面粉的具体用量要根据南瓜泥或紫薯泥所含的水分进行调整。
3. 所有发面面食在上锅蒸之前都要醒一下，即用湿纱布盖好静置 20 分钟左右，这样做出的成品口感才松软。醒面团的时间一般是夏天 10~20 分钟，冬天 20~30 分钟。

黑芝麻馒头

原料

面粉…………… 300 克
温水………… 160 毫升
酵母……………… 3 克
熟黑芝麻粉…… 3 汤匙

TIPS

1. 要想做出表面光滑的馒头，面团一定要反复揉，将面团揉匀。
2. 步骤 9 中，将手窝起来握住面团的时候不能握得太紧，手在硅胶垫上画圈时面团要能在手中晃动。

做法

❶ 酵母加温水搅匀，倒入面粉中，按照第 2~5 页的制作方法揉成光滑的面团，盖好静置发酵。
❷ 将面团发酵至原来的 2 倍大。
❸ 取出面团，充分排气后揉光滑。
❹ 按扁，放入黑芝麻粉。
❺ 揉成光滑的面团。
❻ 搓成长条。
❼ 分成每个约 50 克重的剂子。
❽ 将剂子揉成面团。
❾ 将手窝起来握住面团在硅胶垫上不停地画圈。
❿ 整成表面光滑的馒头。
⓫ 盖上湿纱布，醒 20 分钟。
⓬ 蒸锅放水，蒸箅刷油，放入馒头，大火蒸 15 分钟后关火，3 分钟后取出即可。

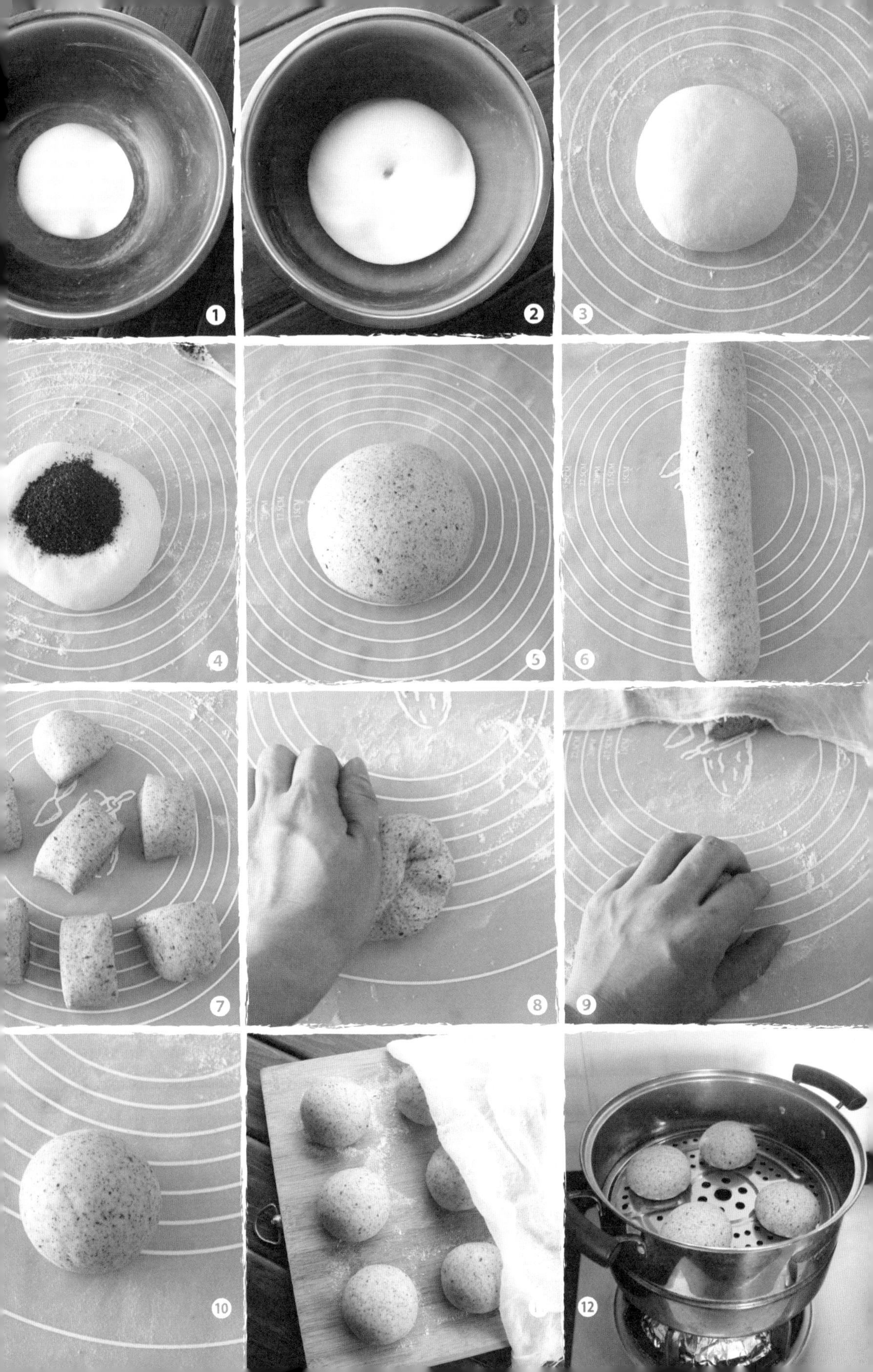
1
2
3
4
5
6
7
8
9
10
12

口味变化

南瓜馒头

原料

南瓜（去皮去瓤）280 克，面粉 420 克，酵母 4 克

做法

❶ 南瓜切片蒸熟，捣成泥，晾至不烫手后加入酵母搅匀。
❷ 面粉放入南瓜泥中，按照第 2~5 页的方法揉成光滑的面团，盖好静置发酵。
❸ 将面团发酵至原来的 2 倍大。
❹ 取出面团，充分排气后揉光滑。
❺ 搓成长条。
❻ 分成每个约 70 克重的剂子。
❼ 按照“黑芝麻馒头”中的方法，做出馒头生坯。
❽ 盖上湿纱布，醒 20 分钟。
❾ 蒸锅放水，蒸箅刷油，放入馒头，大火蒸 15 分钟后关火，3 分钟后取出即可。

TIPS

1. 要想做出表面光滑的馒头，发酵好的面团排气时一定要反复揉压，剂子也要反复揉匀。
2. 步骤 7 中，将手窝起来握住面团时不能握得太紧，手在硅胶垫上画圈时面团要能在手中晃动。

牛奶刀切馒头

原料

面粉…………… 300 克
纯牛奶……… 165 毫升
酵母………………… 3 克
白糖………………… 适量

做法

❶ 牛奶加热至 35℃左右，放入酵母搅匀。
❷ 加入面粉和白糖，按照第 2~5 页的方法揉成光滑的面团，盖好静置发酵。
❸ 将面团发酵至原来的 2 倍大。
❹ 取出面团，充分排气后搓成长条。
❺ 用刀切成每个约 40 克重的剂子。
❻ 盖上湿纱布，醒 20 分钟。
❼ 蒸锅放水，蒸笋刷油，放入馒头，大火蒸 15 分钟后关火，3 分钟后取出即可。

TIPS

1. 白糖的用量可根据个人喜好调整，如果不喜欢也可不放。
2. 牛奶加热后的温度以不烫手为宜，温度太高容易将酵母菌烫死而使面团发酵失败。
3. 要想做出表面光滑的刀切馒头，发酵好的面团排气时一定要反复揉压。

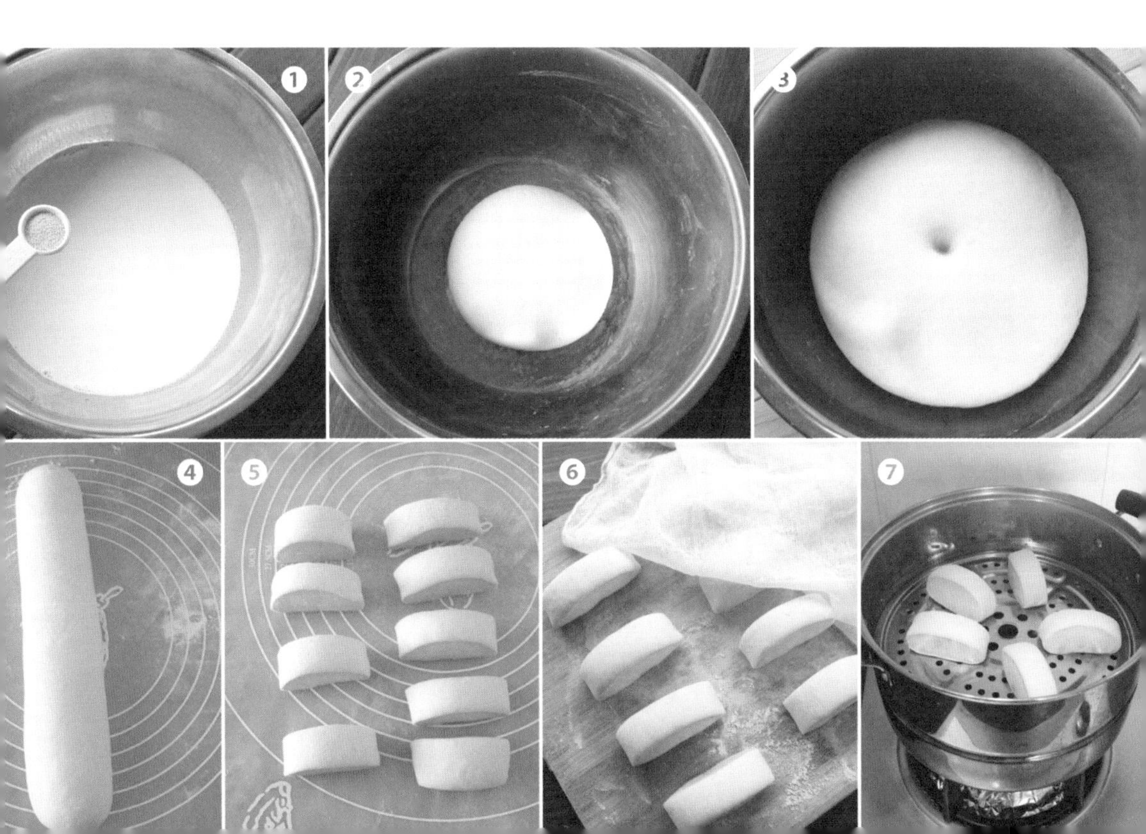

双色紫薯刀切馒头

原料

白面团：面粉 250 克，酵母 3 克，温水 130 毫升

紫薯面团：面粉 200 克，紫薯 125 克，酵母 3 克，温水 40 毫升

做法

❶ 制作紫薯面团：紫薯蒸熟后去皮，捣成泥。

❷ 酵母加温水搅匀，倒入面粉中，加入紫薯泥，按照第 2~5 页的方法揉成光滑的面团，盖好静置发酵。

❸ 制作白面团：酵母加温水搅匀，倒入面粉中，按照第 2~5 页的方法揉成光滑的面团，盖好静置发酵。

❹ 将紫薯面团发酵至原来的 2 倍大。

❺ 将白面团发酵至原来的 2 倍大。

❻ 两种面团分别排气，再叠放在一起，按扁，擀成约 0.2 厘米厚的长方形面片。

❼ 面片沿短边卷成卷。

❽ 按照“牛奶刀切馒头”中的切法，切成每个约 50 克重的剂子。盖上湿纱布，醒 20 分钟。

❾ 蒸锅放水，蒸箅刷油，放入馒头，大火蒸 15 分钟后关火，3 分钟后取出即可。

TIPS

步骤 6 中，如果将白面团放在上面，最后做出的馒头表面就是紫色的，反之馒头表面是白色的，可根据个人喜好决定。

开花馒头

原料

南瓜面团

南瓜(去皮去瓤)…… 140 克
面粉…………… 210 克
酵母……………… 2 克

白面团

面粉…………… 230 克
温水………… 120 毫升
酵母……………… 2 克

做法

❶ 制作南瓜面团：南瓜切片蒸熟，捣成泥，晾至不烫手后加入酵母，搅匀。
❷ 面粉放入南瓜泥中，按照第 2~5 页的方法揉成光滑的面团，盖好静置发酵。
❸ 制作白面团：酵母加温水搅匀，倒入面粉中，按照第 2~5 页的方法揉成光滑的面团，盖好静置发酵。
❹ 将南瓜面团发酵至原来的 2 倍大。
❺ 将白面团发酵至原来的 2 倍大。
❻ 两种面团分别排气后搓成长条，分成每个约20克重的剂子。
❼ 南瓜剂子揉成圆球，白面剂子擀成中间厚、边缘薄的面皮。
❽ 南瓜剂子放入白面皮中。
❾ 收口。
❿ 收口朝下，整成圆球。
⓫ 在顶部切十字花刀，大约切至馒头的 1/3 处，盖上湿纱布，醒 20 分钟。
⓬ 蒸锅放水，蒸箅刷油，放入馒头，大火蒸 15 分钟后关火，3 分钟后取出即可。

TIPS

步骤 11 中，在馒头顶部切十字花刀时，要切得深一些，切口太浅的话馒头蒸好后不容易开花。

1
2
3
4
5
6
7
8
9
10
11
12

荷叶夹子

原料

面粉…………… 300 克
温水………… 160 毫升
酵母……………… 3 克

做法

❶ 酵母加温水搅匀，倒入面粉中，按照第 2~5 页的方法揉成光滑的面团，盖好静置发酵。
❷ 将面团发酵至原来的 2 倍大。
❸ 取出面团，充分排气后揉光滑，然后搓成长条，分成每个约 40 克重的剂子。
❹ 剂子擀成约 0.4 厘米厚的面饼，用小刷子在面饼上面刷一层油。
❺ 将面饼对折成半圆形，在半圆直边的中点用手捏一下，捏成叶柄。
❻ 用叉子叉出叶脉。
❼ 在每两条叶脉的中间用叉子柄往里顶一下，荷叶夹子就做好了。
❽ 笼屉刷油，放入荷叶夹子。盖上湿纱布，醒 20 分钟。
❾ 蒸锅放水，大火蒸 15 分钟后关火，3 分钟后取出即可。

TIPS

荷叶夹子蒸好后可以直接食用，也可以放入自己喜欢的蔬菜食用。

枣饽饽

原料

面粉…………… 300 克
酵母……………… 3 克
温水………… 160 毫升
红枣……………… 适量

做法

❶ 酵母加温水搅匀，倒入面粉中。
❷ 按照第 2~5 页的方法揉成光滑的面团，盖好静置发酵。
❸ 将面团发酵至原来的 2 倍大。
❹ 取出面团，充分排气后分成每个约 90 克重的剂子。
❺ 剂子分别反复揉压。
❻ 揉至表面光滑。
❼ 整成圆形。
❽ 红枣洗净，剪成细长条。
❾ 在馒头的顶端用两手的小手指挑出一个空隙，插入一条红枣条。
❿ 依次在馒头的底部插入四条红枣条，这样枣饽饽就做好了。
⓫ 盖上湿纱布，醒 20 分钟。
⓬ 蒸锅放水，蒸箅刷油，放入枣饽饽，大火蒸 20 分钟后关火，3 分钟后取出即可。

TIPS

1. 步骤 4 中，将面团分成剂子后要用湿纱布盖好，以免剂子表面风干。
2. 剂子一定要反复揉压，这样做出来的枣饽饽表面才会光滑。

1
2
3
4
5
6
7
8
9
10
11
12

小兔子馒头

原料

面粉…………… 300 克
酵母………………… 3 克
温水………… 160 毫升
黑芝麻…………… 少许

TIPS

1. 粘兔子的眼睛时，可在芝麻上沾少许水，这样就很容易粘住了。
2. 步骤 11 中，湿纱布不能直接盖在馒头上，以免将兔子耳朵压塌，要将馒头放在笼屉中，再将湿纱布盖在笼屉上。

做法

❶ 酵母加温水搅匀。
❷ 倒入面粉中，按照第 2~5 页的方法揉成光滑的面团，盖好静置发酵。
❸ 将面团发酵至原来的 2 倍大。
❹ 取出面团，充分排气后揉光滑。
❺ 搓成长条，分成每个约 25 克重的剂子，用湿纱布盖好。
❻ 剂子搓成一头尖、一头圆的水滴状。
❼ 将尖的一头按扁。
❽ 用小刀将按扁的部分切开，作为小兔子的耳朵。
❾ 用一只手将耳朵轻轻捏住往上翻，再用另一只手的两个手指轻轻在耳朵下面捏一下作为兔子的脸。
❿ 在兔子脸的左右两侧各粘一颗黑芝麻作为兔子的眼睛。这样，小兔子馒头就做好了。
⓫ 笼屉刷油，放入馒头。盖上湿纱布，醒 20 分钟。
⓬ 蒸锅放水，大火蒸 15 分钟后关火，3 分钟后取出即可。

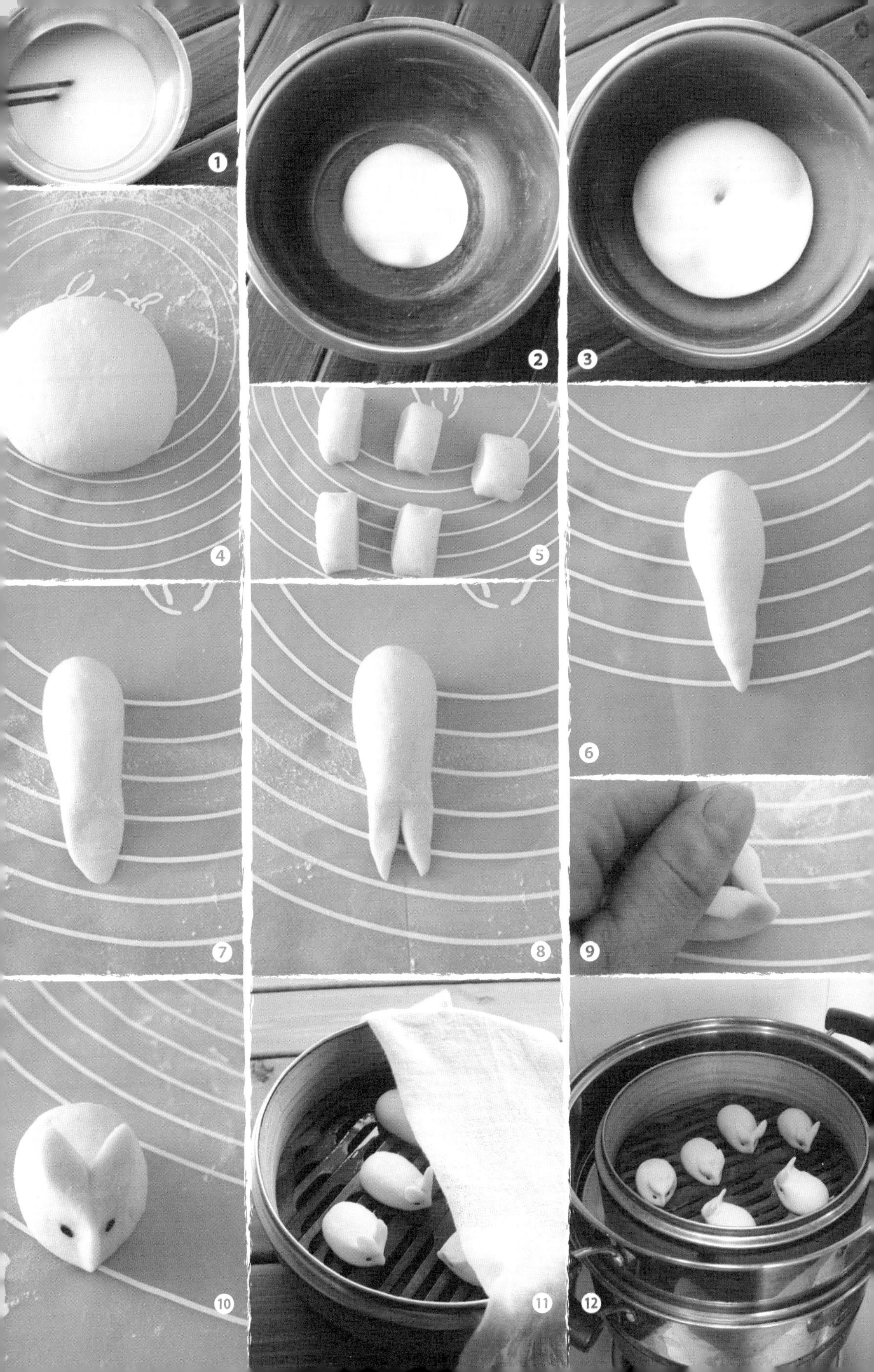
1
2
3
4
5
6
7
8
9
10
11
12

简易小鸭馒头

原料

面粉……………… 210 克
南瓜（去皮去瓤）… 140 克
酵母………………… 2 克

TIPS

1. 面要和得硬一些，这样蒸好后小鸭馒头不易变形。
2. 步骤 7 中，将剂子擀成圆饼时，要擀得厚一些，做出来的小鸭馒头才好看。
3. 步骤 11 中，湿纱布不能直接盖在馒头上，要将馒头放入笼屉再盖上湿纱布，以免将小鸭头压扁。

做法

❶ 南瓜切片蒸熟，捣成泥，晾至不烫手后放入酵母搅匀。
❷ 加入面粉，按照第 2~5 页的方法揉成光滑的面团，盖好静置发酵。
❸ 将面团发酵至原来的 2 倍大。
❹ 取出面团，充分排气后揉光滑。
❺ 搓成长条。
❻ 分成每个约 30 克重的剂子，用湿纱布盖好。
❼ 擀成约 0.7 厘米厚的圆饼。
❽ 将圆饼对折成半圆形。
❾ 用小刀切一刀。
❿ 将面饼立起，半圆的圆边朝下，将切开的部分翻转捏成小鸭的头，再捏出小鸭的尾巴，这样小鸭馒头就做好了。
⓫ 笼屉刷油，放入馒头。盖上湿纱布，醒 20 分钟。
⓬ 蒸锅放水，大火蒸 12 分钟后关火，3 分钟后取出即可。

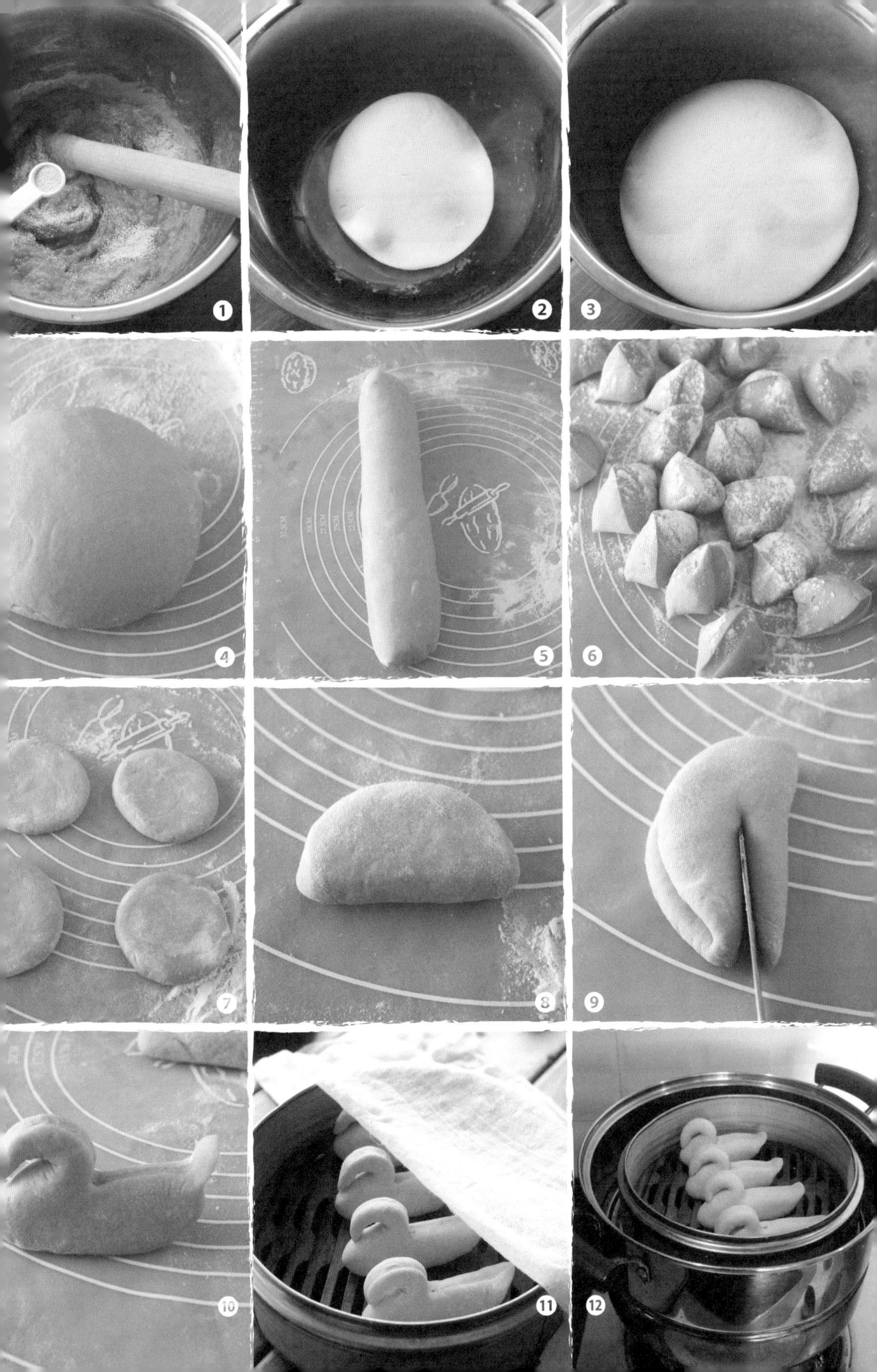

葱花卷

原料

面粉…………… 300 克
酵母……………… 3 克
温水………… 160 毫升
葱花……………… 适量
盐………………… 少许

做法

❶ 酵母加温水搅匀。
❷ 倒入面粉中，按照第 2~5 页的方法揉成光滑的面团，盖好静置发酵。
❸ 将面团发酵至原来的 2 倍大。
❹ 取出面团，充分排气后揉光滑。
❺ 擀成约 0.2 厘米厚的长方形面片。
❻ 在面片上刷一层油，均匀地撒上盐和葱花。
❼ 沿长边卷成卷。
❽ 切成大小均匀的剂子，用湿纱布盖好。
❾ 用筷子在剂子中间压一下。
❿ 抽出筷子，将剂子沿压痕往两侧拉长一些。
⓫ 两手分别捏住两端，朝相反的方向扭转，将两端捏在一起，卷成花卷，盖上湿纱布，醒 20 分钟。
⓬ 蒸锅放水，蒸箅刷油，放入花卷，大火蒸 15 分钟后关火，3 分钟后取出即可。

TIPS

步骤 5 中，面片不要擀得太薄，否则拧花卷时切面的面片容易粘在一起。

黑芝麻红糖卷

原料

面皮

面粉……………… 300 克
酵母………………… 3 克
温水………… 160 毫升

馅料

红糖…………………60 克
熟黑芝麻粉………15 克
面粉…………………20 克

TIPS

馅料中加少许面粉是为了防止红糖蒸熟后流出来，但是不要加得太多，否则影响口感。

做法

❶ 馅料中所有原料混合均匀。
❷ 酵母加温水搅匀，倒入面粉中，按照第 2~5 页的方法揉成光滑的面团，盖好静置发酵。
❸ 将面团发酵至原来的 2 倍大。
❹ 取出面团，充分排气后揉光滑。
❺ 擀成约 0.2 厘米厚的长方形面片。
❻ 在面片上均匀地撒一层馅料。
❼ 沿长边卷成卷。
❽ 切成每个约 25 克重的剂子。
❾ 将剂子两两重叠。
❿ 用筷子在剂子上压一下。
⓫ 抽出筷子，制成花卷，盖上湿纱布，醒 20 分钟。
⓬ 蒸锅放水，蒸算刷油，放入花卷，大火蒸 15 分钟后关火，3 分钟后取出即可。

花生甜花卷

原料

面皮

面粉…………… 300 克
酵母……………… 3 克
温水………… 160 毫升

馅料

花生米…………… 80 克
白糖……………… 适量

TIPS

炒花生米时要用小火，以免炒焦。炒至花生米发出“啪啪”的响声时再炒一会儿即可。刚炒好的花生米不酥香，晾凉后就会变得又脆又香。

做法

❶ 酵母加温水搅匀，倒入面粉中，按照第 2~5 页的方法揉成光滑的面团，盖好静置发酵。
❷ 花生米放入锅中（无须放油），小火炒香，放至不烫手后搓去红衣。
❸ 放入搅拌机中搅碎，加入适量白糖搅匀。
❹ 将面团发酵至原来的 2 倍大。
❺ 取出面团，充分排气后揉光滑。
❻ 擀成约 0.2 厘米厚的长方形面皮。
❼ 在面皮上均匀地撒一层馅料，用擀面杖轻轻地擀一下，使馅料粘牢一些以防在后面的操作中脱落。
❽ 沿短边卷成卷。
❾ 切成每个约 40 克重的剂子。
❿ 用筷子在剂子中间压一下，使切面向上翻。
⓫ 抽出筷子，将剂子两端向下弯折，制成花卷。
⓬ 盖上湿纱布，醒 20 分钟。
⓭ 蒸锅放水，蒸箅刷油，放入花卷，大火蒸 15 分钟后关火，3 分钟后取出即可。

1
2
3
4
5
6
7
8
9
10
11
12
13

口味变化

南瓜红枣卷

原料

面粉 210 克，南瓜（去皮去瓤）140 克，酵母 2 克，去核红枣适量

做法

❶ 南瓜切片蒸熟，捣成泥，晾至不烫手后加入酵母搅匀。加入面粉，按照第 2~5 页的方法揉出光滑的面团，盖好静置发酵。
❷ 红枣洗净，浸泡几分钟后沥干切碎。
❸ 将面团发酵至原来的 2 倍大。
❹ 取出面团，充分排气后揉光滑。
❺ 擀成约 0.2 厘米厚的长方形面片，用小刷子在面片上刷一层油，均匀地撒上红枣碎。
❻ 沿短边卷成卷。
❼ 切成每个约 40 克重的剂子。
❽ 按照“花生甜花卷”中的方法，制成花卷，盖上湿纱布，醒 20 分钟。
❾ 蒸锅放水，蒸箅刷油，放入花卷，大火蒸 15 分钟后关火，3 分钟后取出即可。

TIPS

步骤 5 中，面片不要擀得太薄，因为南瓜面团比较黏，如果面片擀得太薄，做成花卷后容易粘在一起

肉松葱花卷

原料

面粉……………… 300 克
酵母……………… 3 克
温水……………… 160 毫升
肉松……………… 适量
葱花……………… 适量
盐……………… 适量

做法

❶ 酵母加温水搅匀，倒入面粉中，按照第 2~5 页的方法揉出光滑的面团，盖好静置发酵。
❷ 将面团发酵至原来的 2 倍大。
❸ 取出面团，充分排气后揉光滑。
❹ 擀成约 0.2 厘米厚的长方形面片，用小刷子在面片上刷一层油。
❺ 均匀地撒上盐、葱花和肉松。
❻ 沿长边卷成卷。
❼ 切成每个约 20 克重的剂子。
❽ 将剂子两两叠放。
❾ 用筷子在剂子的中间压一下，使切面向上翻。
❿ 抽出筷子，将两端向下弯折，制成花卷。
⓫ 盖上湿纱布，醒 20 分钟。
⓬ 蒸锅放水，蒸箅刷油，放入花卷，大火蒸 15 分钟后关火，3 分钟后取出即可。

TIPS

肉松要撕得碎一些，不能太大块，以免卷成卷后面皮表面凹凸不平影响美观。

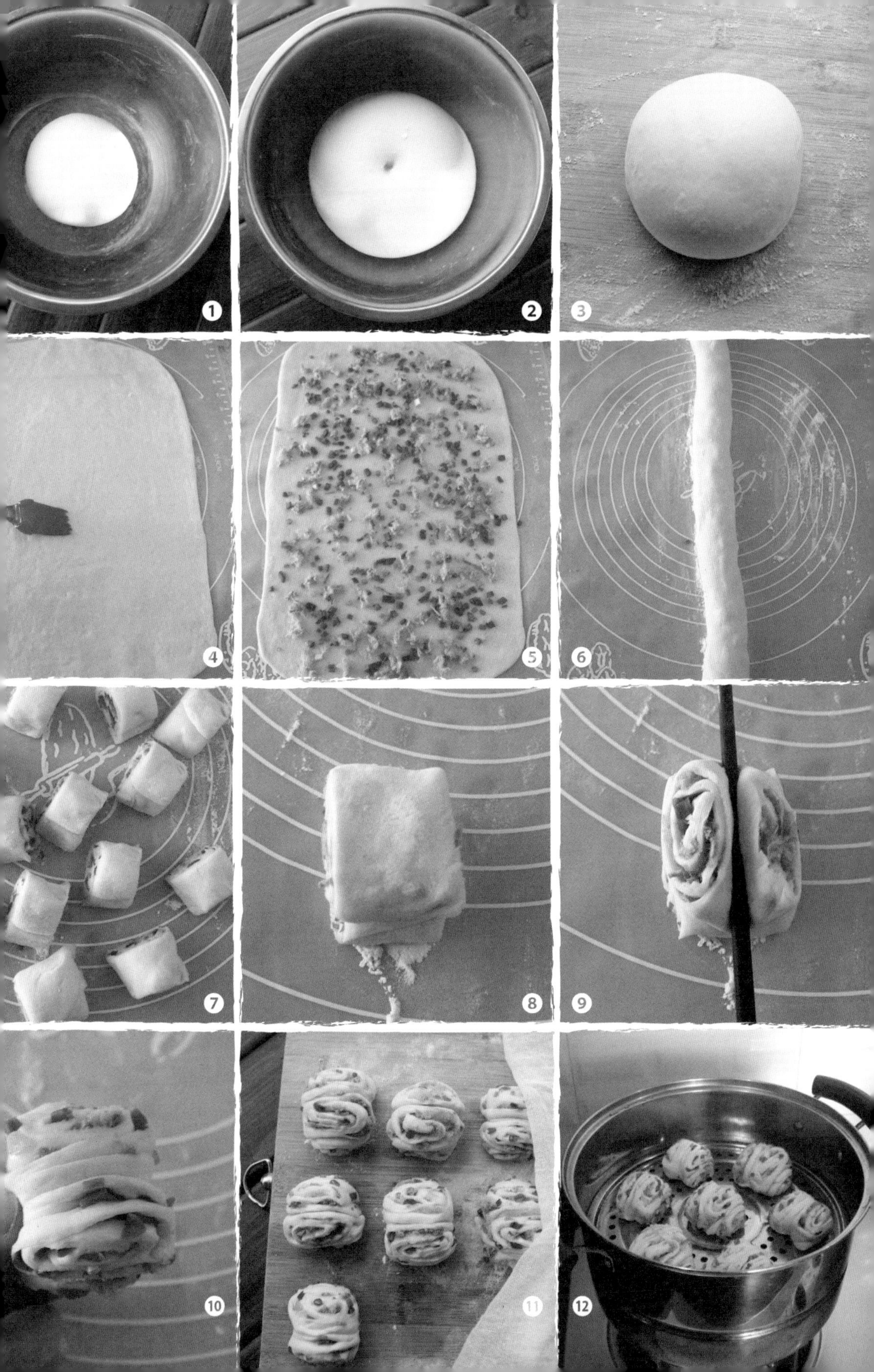
1
2
3
4
5
6
7
8
9
10
11
12

双色南瓜卷

原料

白面团：面粉 240 克，酵母 3 克，温水 125 毫升

南瓜面团：面粉 210 克，南瓜（去皮去瓤）140 克，酵母 2 克

做法

❶ 制作南瓜面团：南瓜切片蒸熟，捣成泥，晾至不烫手后放入酵母搅匀。

❷ 面粉放入南瓜泥中，搅匀后按照第 2~5 页的方法揉成光滑的面团，盖好静置发酵。

❸ 将南瓜面团发酵至原来的 2 倍大。

❹ 制作白面团：酵母加温水搅匀，倒入面粉中，按照第 2~5 页的方法揉成光滑的面团，盖好后静置发酵。

❺ 将白面团发酵至原来的 2 倍大。

❻ 两种面团分别排气后揉光滑，然后叠放在一起。

❼ 擀成约 0.2 厘米厚的长方形面片。

❽ 用小刷子在面片上刷一层油。

❾ 沿长边卷成卷。

❿ 用刀切成每个约 30 克重的剂子。

⓫ 按照“肉松葱花卷”的方法，制成花卷，盖上湿纱布，醒 20 分钟。

⓬ 蒸锅放水，蒸笋刷油，放入花卷，大火蒸 15 分钟后关火，3 分钟后取出即可。

TIPS

因为面皮擀得比较薄，而南瓜面团的黏性比较大，所以花卷做好后不要用手接触切面，以免切面处的面皮粘在一起影响美观。拿的时候尽量拿花卷的底部。

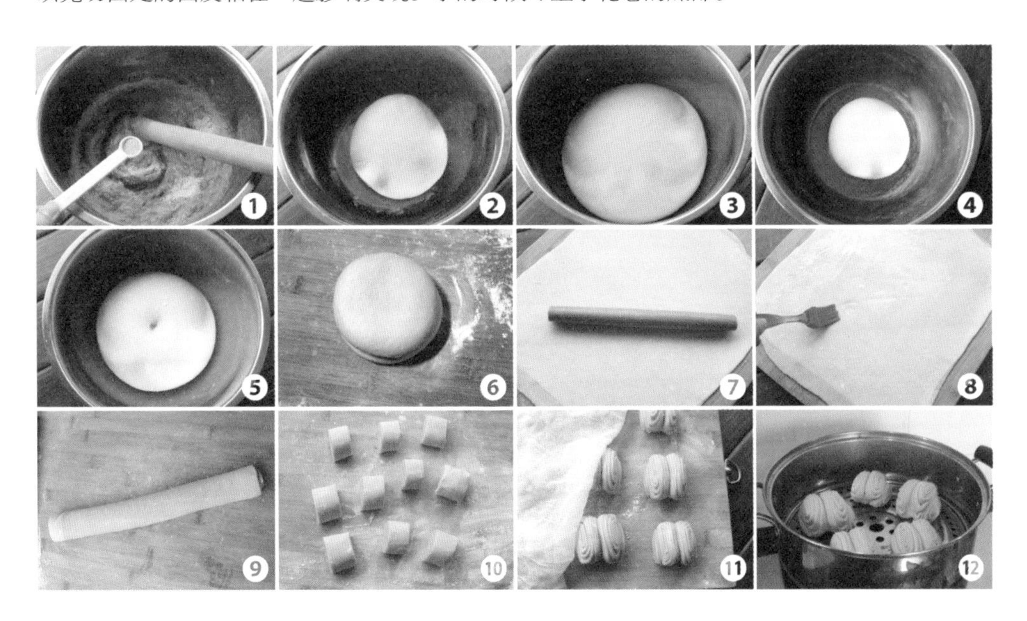

火腿肠卷

原料

面粉…………… 300克
酵母……………… 3克
温水………… 160毫升
火腿肠…………… 适量

TIPS

步骤6中，将剂子搓成条时，长度以火腿肠的3倍为宜。

做法

❶ 酵母加温水搅匀，倒入面粉中，按照第2~5页的方法揉成光滑的面团，盖好静置发酵。
❷ 将面团发酵至原来的2倍大。
❸ 取出面团，充分排气后揉光滑。
❹ 火腿肠撕去包装，切成两段。
❺ 面团搓成长条，分成每个约20克重的剂子，用湿纱布盖好。
❻ 剂子搓成细条。
❼ 如图，将长条从一头开始沿火腿肠缠绕起来。
❽ 盖上湿纱布，醒20分钟。
❾ 蒸锅放水，蒸箅刷油，放入火腿肠卷，大火蒸12分钟后关火，3分钟后取出即可。

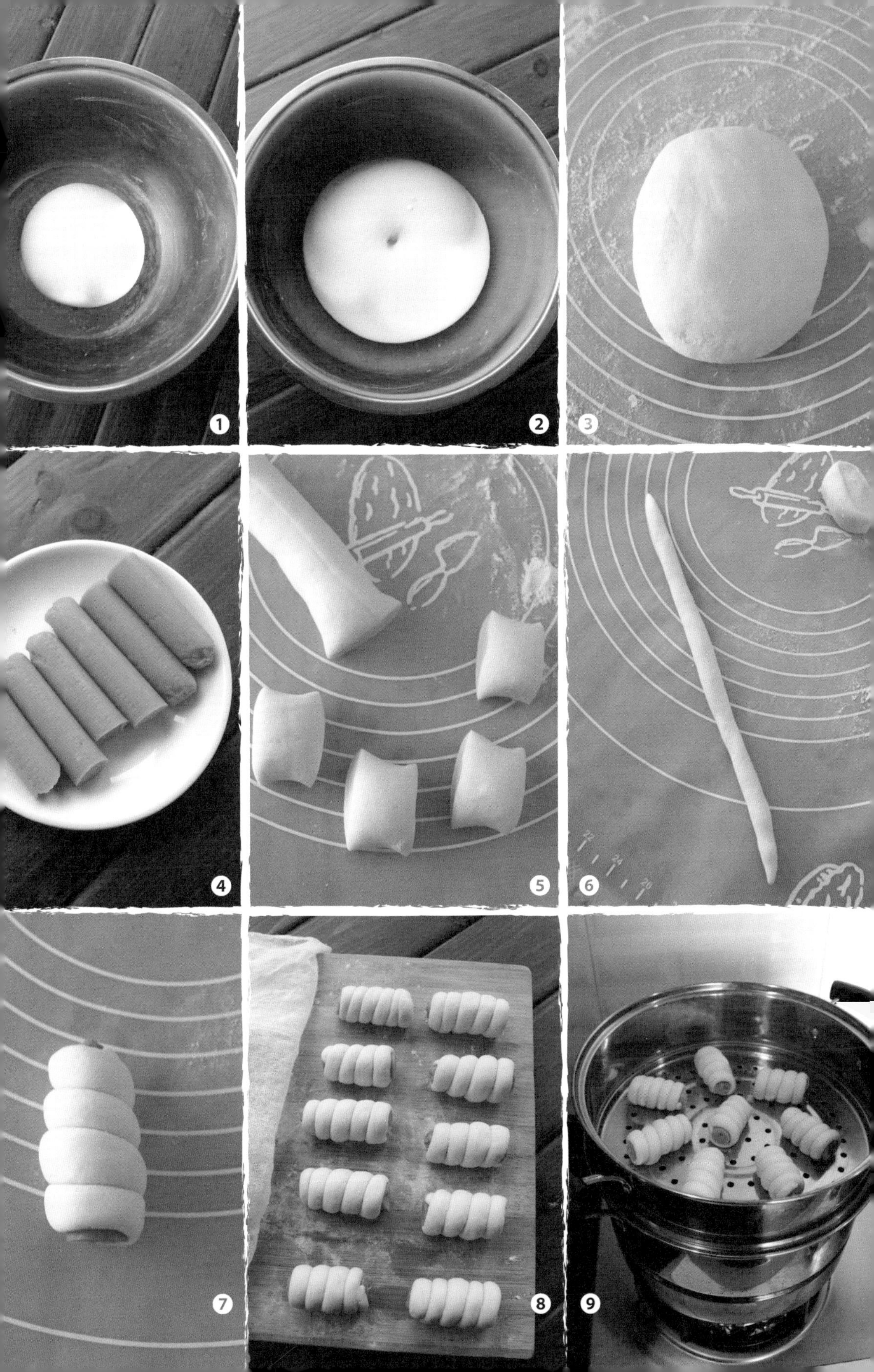
1
2
3
4
5
6
7
8
9

蝴蝶卷

原料

面粉…………… 300 克
酵母……………… 3 克
温水………… 160 毫升

TIPS

1. 步骤 6 中，两个卷要卷得一样大。

2. 步骤 10 中，可在两个卷相连的地方涂少许水再用筷子夹紧，这样两个卷会粘得更牢。用筷子夹的时候一定要夹紧，以免蝴蝶卷蒸好后散开。

做法

❶ 酵母加温水搅匀，倒入面粉中，按照第 2~5 页的方法揉成光滑的面团，盖好静置发酵。
❷ 将面团发酵至原来的 2 倍大。
❸ 取出面团，充分排气后揉光滑。
❹ 搓成长条，再分成每个约 25 克重的剂子。
❺ 剂子搓成细长条。
❻ 从两端向中间卷起。
❼ 将双卷靠在一起。
❽ 中间相连的地方用小刀切开。
❾ 切开处修饰成蝴蝶的触须。
❿ 用筷子将蝴蝶的身体拦腰夹一下。
⓫ 整成蝴蝶卷，盖上湿纱布，醒 20 分钟。
⓬ 蒸锅放水，蒸箅刷油，放入蝴蝶卷，大火蒸 12 分钟后关火，3 分钟后取出即可。

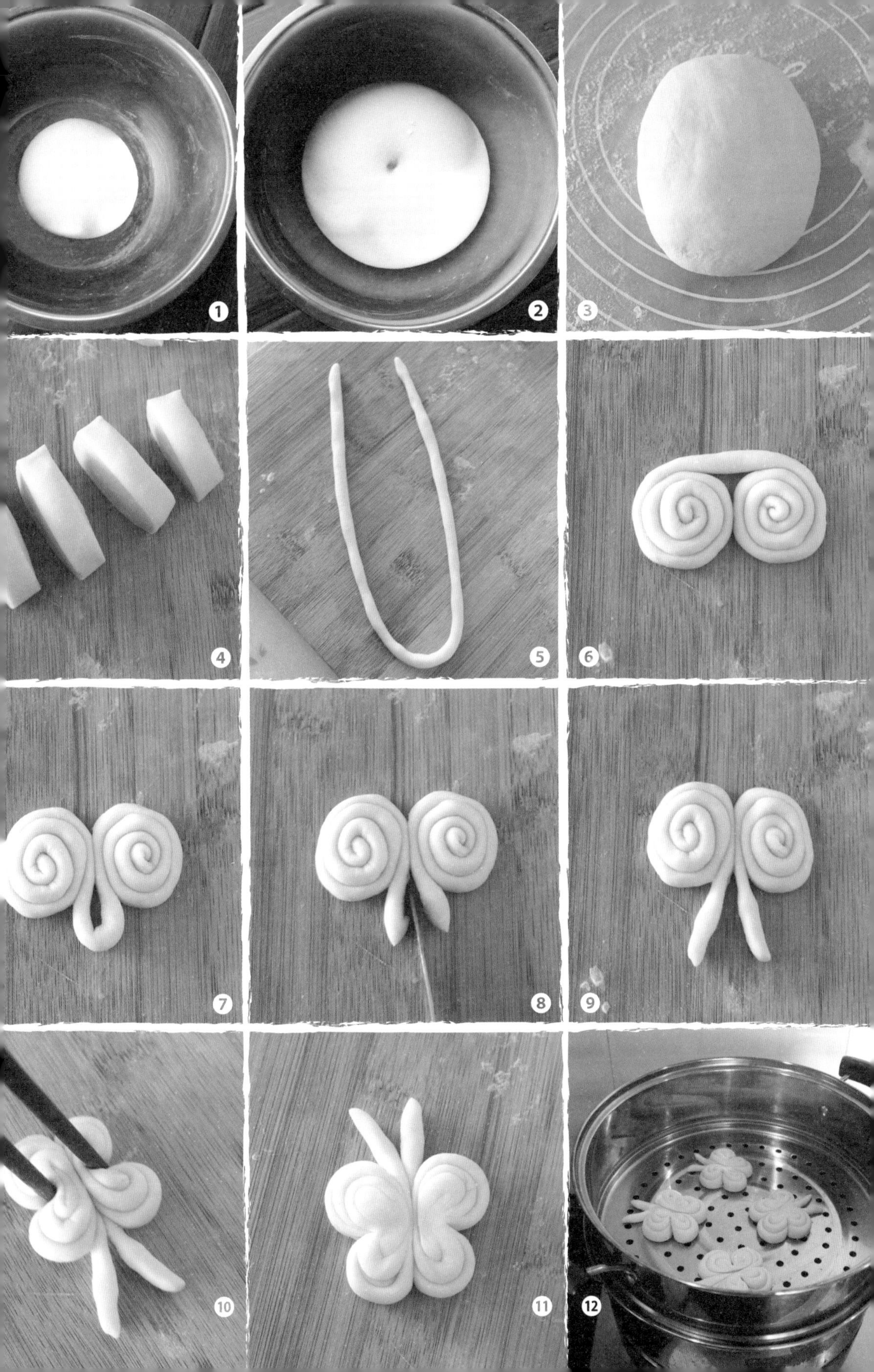

1
2
3
4
5
6
7
8
9
10
11
12

花朵红枣馍

原料

面粉…………… 200 克
酵母……………… 3 克
温水………… 110 毫升
去核小红枣……… 适量

TIPS

1. 步骤 4 中，剂子要用湿纱布盖好，以免表面风干。
2. 步骤 9 中，可在花朵的中心部位涂少许水，这样花瓣会粘得更牢固。

做法

❶ 酵母加温水搅匀，倒入面粉中，按照第 2~5 页的方法揉成光滑的面团，盖好静置发酵。
❷ 将面团发酵至原来的 2 倍大。
❸ 取出面团，充分排气后揉光滑。
❹ 搓成长条，分成每个约 15 克重的剂子。
❺ 剂子搓成条，再压扁一些。
❻ 在正中间放一颗红枣。
❼ 对折起来，在接口处压一下使之粘在一起，做成一个小花瓣。
❽ 将小花瓣分别做好，如图 8 排列在一起。
❾ 相临两边用筷子夹一下使其更好地粘在一起，在中心放一颗红枣，盖上湿纱布，醒 20 分钟。蒸锅放水，笼屉刷油，放入红枣馍，大火蒸 12 分钟后关火，3 分钟后取出即可。

1
2
3
4
5
6
7
8
9

椒盐葱香猪蹄卷

原料

面粉…………… 200 克
酵母……………… 2 克
温水………… 110 毫升
葱花……………… 适量
椒盐……………… 适量

TIPS

步骤 5 中，面片不要擀得太厚，以免蒸好后成品不够形象。

做法

❶ 酵母加温水搅匀，倒入面粉中，按照第 2~5 页的方法揉成光滑的面团，盖好静置发酵。
❷ 将面团发酵至原来的 2 倍大。
❸ 取出面团，充分排气后揉光滑。
❹ 搓成长条，分成每个约 30 克重的剂子，用湿纱布盖好。
❺ 剂子擀成约 0.2 厘米厚的面片。
❻ 用小刷子在面片上刷一层油，撒上椒盐和葱花。
❼ 对折成半圆形，再刷一层油，撒上椒盐和葱花。
❽ 对折成扇形。
❾ 用小刀从扇形中心位置纵向切开至 2/3 处。
❿ 将扇形的两侧往后翻折，制成猪蹄卷。
⓫ 笼屉刷油，放入猪蹄卷。盖上湿纱布，醒 20 分钟。
⓬ 蒸锅放水，大火蒸 15 分钟后关火，3 分钟后取出即可。

1
2
3
4
5
6
7
8
9
10
11
12

菊花卷

原料

面粉……………… 210 克
南瓜(去皮去瓤)… 140 克
酵母…………………… 2 克

TIPS

1. 步骤 5 中，在面片上刷油时，面片的每一个地方都要刷到。因为南瓜面团比较黏，而面片又擀得比较薄，刷油可避免面片卷成卷后粘在一起。

2. 步骤 8 中，两个剂子要夹得紧一些，以免菊花卷蒸好后散开。如果发现粘得不牢，可在两个剂子中间涂少许水再夹。

做法

❶ 南瓜切片蒸熟，捣成泥，晾至不烫手后加入酵母搅匀。

❷ 加入面粉搅匀，按照第 2~5 页的方法揉成光滑的面团，盖好静置发酵。

❸ 将面团发酵至原来的 2 倍大。

❹ 取出面团，充分排气后揉光滑。

❺ 面团按扁，擀成约 0.2 厘米厚的长方形面片，在面片上均匀地刷一层油。

❻ 沿短边卷成卷。

❼ 分成每个约 15 克重的剂子。

❽ 剂子切面朝上，两两靠在一起，用筷子在中间夹一下，使之形成 4 个花瓣。

❾ 用小刀将每一个花瓣切开。

❿ 用牙签将花瓣拨散，菊花卷就做好了。

⓫ 盖上湿纱布，醒 20 分钟。

⓬ 蒸锅放水，蒸箅刷油，放入花卷，大火蒸 12 分钟后关火，3 分钟后取出即可。

南瓜玫瑰卷

原料

面粉…………… 420 克
南瓜(去皮去瓤)… 280 克
酵母……………… 4 克

TIPS

1. 步骤 12 中，玫瑰卷醒发时，湿纱布不能直接盖在玫瑰卷上，要盖在笼屉上，以免将花瓣压变形。
2. 做玫瑰花卷时，面皮以 6 ~ 10 片为宜，面皮太少做出来成品不好看，太多做出来的花卷太大。

做法

❶ 南瓜切片蒸熟，捣成泥，晾至不烫手后加入酵母搅匀。
❷ 加入面粉，按照第 2~5 页的方法揉成光滑的面团，盖好静置发酵。
❸ 将面团发酵至原来的 2 倍大。
❹ 取出面团，充分排气后揉光滑。
❺ 搓成长条，分成每个约 15 克重的剂子，用湿纱布盖好。
❻ 剂子按扁，擀成中间厚、边缘薄的面皮。
❼ 取几张面皮，一个压一个地排列起来，最上面放一条两头搓尖的小面条做花蕊。
❽ 用筷子压一下，使压痕处的面皮粘在一起。
❾ 由花蕊处开始卷起，卷成卷。
❿ 用刀从压痕处切开。
⓫ 切面朝下立起，制成花骨朵。
⓬ 稍微整理一下，制成玫瑰花卷。笼屉刷油，放入玫瑰卷。盖上湿纱布，醒 20 分钟。
⓭ 蒸锅放水，大火蒸 15 分钟后关火，3 分钟后取出即可。

双色蝴蝶卷

原料

白面团

面粉…………… 250 克
酵母………………… 3 克
温水………… 130 毫升

紫薯面团

面粉…………… 200 克
紫薯…………… 125 克
酵母………………… 3 克
温水…………… 40 毫升

TIPS

步骤 10 中，用筷子夹的时候要用力，使两个剂子粘在一起。如果发现剂子不能很好地粘在一起，可以在相连处涂少许水。

做法

❶ 制作紫薯面团：紫薯蒸熟后去皮，捣成泥。酵母加温水搅匀，倒入面粉中，再放入紫薯泥，按照第 2~5 页的方法揉成光滑的面团，盖好静置发酵。
❷ 将紫薯面团发酵至原来的 2 倍大。
❸ 制作白面团：酵母加温水搅匀，倒入面粉中，按照第 2~5 页的方法揉成光滑的面团，盖好静置发酵。
❹ 将白面团发酵至原来的 2 倍大。
❺ 两种面团分别排气后揉光滑，然后叠放在一起，按扁。
❻ 擀成约 0.2 厘米厚的长方形面片。
❼ 沿短边卷起，注意留出约 1 厘米长的边缘不卷。
❽ 切成每个约 15 克重的剂子。
❾ 将剂子两两靠在一起。
❿ 用筷子在剂子中间用力夹一下，制成蝴蝶卷。
⓫ 盖上湿纱布，醒 20 分钟。
⓬ 蒸锅放水，蒸箅刷油，放入花卷，大火蒸 15 分钟后关火，3 分钟后取出即可。

双色紫薯卷

原料

白面团

面粉…………… 250 克
酵母……………… 3 克
温水………… 130 毫升

紫薯面团

面粉…………… 200 克
紫薯…………… 125 克
酵母……………… 3 克
温水……………40 毫升

TIPS

步骤 10 中，打结时不要拉得太紧。

做法

❶ 制作紫薯面团：紫薯蒸熟后去皮，捣成泥。
❷ 酵母加温水搅匀，倒入面粉中，再加入紫薯泥，按照第 2~5 页的方法揉成光滑的面团，盖好静置发酵。
❸ 将紫薯面团发酵至原来的 2 倍大。
❹ 制作白面团：酵母加温水搅匀，倒入面粉中，按照第 2~5 页的方法揉成光滑的面团，盖好静置发酵。
❺ 将白面团发酵至原来的 2 倍大。
❻ 两种面团分别排气后揉光滑，然后叠放在一起，按扁。
❼ 擀成约 0.2 厘米厚的长方形面片。
❽ 分成每片约 5 厘米宽的面片，每片面片中间用刀划 3 个口。
❾ 将面片朝相反方向搓成麻花状长条。
❿ 拿起两端打结。
⓫ 盖上湿纱布，醒 20 分钟。
⓬ 蒸锅放水，蒸箅刷油，放入花卷，大火蒸 15 分钟后关火，3 分钟后取出即可。

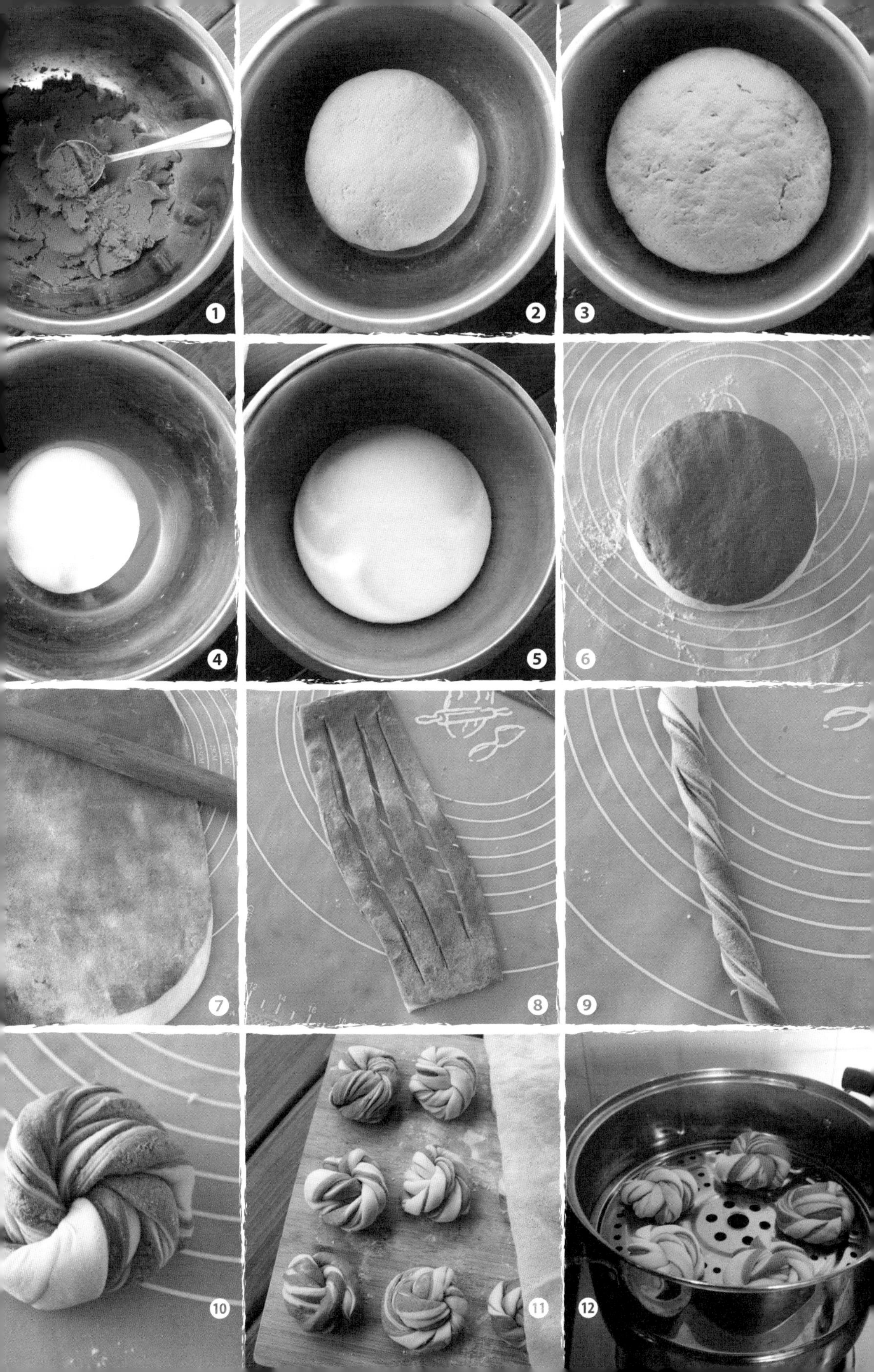
1
2
3
4
5
6
7
8
9
10
11
12

肉龙

原料

面皮

面粉……………… 300 克
温水………… 160 毫升
酵母………………… 3 克

馅料

猪肉……………… 200 克

调料

鸡蛋清……………… 1 个
料酒……………… 1 茶匙
生抽……………… 1 茶匙
老抽………… 1/2 茶匙
白糖………… 1/3 茶匙
香油………… 1/2 茶匙
盐……………………… 适量

做法

❶ 酵母加温水搅匀，倒入面粉中，按照第 2~5 页的方法揉成光滑的面团，盖好静置发酵。
❷ 猪肉剁成末，放入所有调料，朝一个方向搅拌上劲。
❸ 将面团发酵至原来的 2 倍大。
❹ 取出面团，充分排气后揉光滑。
❺ 平均分成 2 个剂子。
❻ 将剂子按扁，擀成约 0.3 厘米厚的长方形面片，将馅料均匀地涂抹在面片上。
❼ 沿短边折好。
❽ 盖上湿纱布，醒 20 分钟。
❾ 蒸锅放水，蒸箅刷油，放入肉龙，大火蒸 20 分钟后关火，3 分钟后取出即可。

TIPS

发酵好的面团一定要充分排气后再揉光滑，做出的成品才美观。

南瓜豆沙卷

原料

面粉…………… 420 克
南瓜(去皮去瓤)… 280 克
酵母………………… 4 克
红豆沙…………… 适量

做法

❶ 南瓜切片蒸熟，捣成泥，晾至不烫手后加入酵母搅匀。加入面粉，按照第 2~5 页的方法揉成光滑的面团，盖好静置发酵。
❷ 将面团发酵至原来的 2 倍大。
❸ 取出面团，充分排气后揉光滑。
❹ 搓成长条，分成每个约 30 克重的剂子，用湿纱布盖好。
❺ 剂子搓成一头大、一头小的水滴形。
❻ 按扁，擀成约 0.2 厘米厚的面皮。在面皮上涂抹红豆沙。
❼ 由宽边向窄边卷起，制成豆沙卷。
❽ 盖上湿纱布，醒 20 分钟。
❾ 蒸锅放水，蒸箅刷油，放入花卷，大火蒸 15 分钟后关火，3 分钟后取出即可。

TIPS

豆沙馅如果太干不好涂抹，可事先加少许开水朝一个方向搅拌。

虾仁猪肉包

原料

面皮

面粉…………… 300 克
温水………… 160 毫升
酵母……………… 3 克

馅料

猪肉…………… 200 克
鲜虾仁………… 100 克

调料 A

鸡蛋清…………… 1 个
蚝油…………… 1 茶匙
酱油…………… 1 汤匙
白糖………… 1/2 茶匙
香油………… 1/2 茶匙
盐……………… 适量

调料 B

盐……………… 少许
料酒……………… 少许

做法

❶ 酵母加温水搅匀，倒入面粉中，按照第 2~5 页的方法揉成光滑的面团，盖好静置发酵。
❷ 猪肉剁成末，放入调料 A，朝一个方向搅拌上劲。
❸ 鲜虾仁中放入调料 B，搅匀后腌一会儿。
❹ 将面团发酵至原来的 2 倍大。
❺ 取出面团，充分排气后揉光滑。
❻ 分成每个约 40 克重的剂子，用湿纱布盖好。
❼ 剂子按扁，擀成中间厚、边缘薄的面皮。
❽ 放入适量肉馅，在肉馅中间放一个虾仁。
❾ 从一端开始捏出褶子。
❿ 收口。
⓫ 盖上湿纱布，醒 20 分钟。
⓬ 蒸锅放水，蒸笋刷油，放入包子，大火蒸 18 分钟后关火，3 分钟后取出即可。

TIPS

加入调料后要朝一个方向搅拌，这样才容易将肉馅搅拌上劲。

香菇猪肉馅

原料

主料：猪肉 200 克，水发香菇 5 朵

调料：鸡蛋清 1 个，料酒 1 茶匙，酱油 1 汤匙，香油 1/2 茶匙，白糖 1/2 茶匙，盐适量

做法

❶ 猪肉剁成肉末，加入所有调料，朝一个方向拌匀上劲。

❷ 水发香菇切成碎末，放入肉末中，继续朝一个方向搅匀。

TIPS

水发香菇就是用清水泡发的干香菇，将干香菇提前约 2 小时用清水泡发洗净沥干即可。

香甜花生馅

原料

花生米 150 克，白糖适量

做法

❶ 花生米放入锅中（无须放油），小火炒香。

❷ 炒香的花生米晾至不烫手后，搓去红衣。

❸ 放入搅拌机中打碎，加入适量白糖搅匀，制成花生馅料。

TIPS

炒花生米时要用小火，以免炒煳。炒至花生米发出“啪啪”的响声后再稍炒一会儿即可。刚炒好的花生米不酥香，晾凉后就会变得又香又脆。

水煎包

原料

生包子适量，熟黑芝麻适量，葱花适量

做法

❶ 平底锅烧热倒油，放入醒好的包子，小火煎约 1 分钟。
❷ 取少量面粉，加适量水搅匀。
❸ 将面粉水沿锅边淋入，约至包子的 1/3 处。
❹ 盖上锅盖，转中火，焖至锅中水干后转小火，加少许油，将包子煎至底部金黄酥脆。最后撒入适量熟黑芝麻和葱花即可。

TIPS

1. 面粉水中面粉与水的比例约为 1 ∶ 15，淋入面粉水时，要沿锅边淋入，避免淋在包子上，影响包子胀发。
2. 锅中水干后要转小火，以免烧焦。
3. 步骤 4 中，锅中水干后打开锅盖，淋入少许油将包子再煎一会儿，这样煎出来的包子外焦里嫩味道好。

柳叶包

原料

面皮

面粉……………… 300 克
酵母………………… 3 克
温水………… 160 毫升

馅料

猪肉……………… 200 克
熟玉米粒……… 100 克

调料

蚝油……………… 1 茶匙
白糖………… 1/3 茶匙
酱油……………… 1 茶匙
香油………… 1/2 茶匙
鸡蛋清……………… 1 个
料酒……………… 1 茶匙
盐…………………… 适量

做法

❶ 酵母加温水搅匀，倒入面粉中，按照第 2~5 页的方法揉成光滑的面团，盖好静置发酵。
❷ 猪肉剁成末，放入所有调料，朝一个方向搅拌上劲。
❸ 加入熟玉米粒搅匀。
❹ 将面团发酵至原来的 2 倍大。
❺ 取出面团，充分排气后揉光滑。
❻ 搓成长条，分成每个约 40 克重的剂子，用湿纱布盖好。
❼ 剂子按扁，擀成中间厚、边缘薄的面皮，放入适量馅料。
❽ 在面皮一端捏一个褶。
❾ 再左右交替捏褶。
❿ 收口。
⓫ 盖上湿纱布，醒 20 分钟。
⓬ 蒸锅放水，笼屉刷油，放入柳叶包，大火蒸 18 分钟后关火，3 分钟后取出即可。

TIPS

玉米粒要先煮熟，生玉米粒在包子里很难蒸熟。

1
2
3
4
5
6
7
8
9
10
11
12

奶黄包

原料

面皮

面粉…………… 300 克
酵母……………… 3 克
温水…………… 160 克

馅料

鸡蛋……………… 2 个
白糖………………30 克
奶粉………………25 克
玉米淀粉…………30 克
澄粉………………10 克
炼奶………………25 克
淡奶油……………40 克
椰浆………………40 克
黄油………………30 克
盐………………… 1 克

TIPS

炒制奶黄馅时，要用勺子一直不停搅拌，以免煳底。

做法

❶ 酵母加水搅匀，倒入面粉中，按照第 2 ~ 5 页的方法揉成光滑的面团，盖好后静置发酵。
❷ 鸡蛋磕入盆中，加入白糖与盐，充分搅匀；加入淡奶油、椰浆、炼奶，搅匀。
❸ 玉米淀粉、澄粉、奶粉混合，筛入鸡蛋液中，搅匀成糊并用漏筛过滤一次，这样更细腻。
❹ 放入黄油。
❺ 锅中加水烧开，将装有面糊的盆放入水中，隔水加热，用勺子不停地搅拌，至奶黄馅凝固熟透，取出放凉后盖保鲜膜入冰箱冷藏备用。
❻ 面团发酵至原来的 2 倍大。
❼ 取出面团，排气后揉光滑。
❽ 分成约 40 克重的剂子，将剂子擀成中间厚边缘薄的面皮。
❾ 面皮上放适量奶黄馅。
❿ 包成包子，收口捏紧。
⓫ 收口朝下放在案板上，整形。做好的生坯用湿纱布盖起来，醒约 20 分钟。
⓬ 蒸锅放水，蒸箅刷油，放入包子，水烧开后再蒸 15 分钟关火，3 分钟后取出即可。

芝麻糖三角

原料

面皮

面粉…………… 300克
酵母……………… 3克
温水………… 160毫升

馅料

红糖……………… 70克
熟黑芝麻粉……… 17克
面粉……………… 15克

做法

❶ 酵母加温水搅匀，倒入面粉中。
❷ 按照第2~5页的方法揉成光滑的面团，盖好静置发酵。
❸ 馅料中所有原料混合均匀。
❹ 将面团发酵至原来的2倍大。
❺ 取出面团，充分排气后揉光滑。
❻ 搓成长条，分成每个约30克重的剂子，用湿纱布盖好。
❼ 剂子按扁，擀成中间厚、边缘薄的面皮，放入适量馅料。
❽ 包成三角状。
❾ 蒸锅放水，蒸箅上铺油纸，放入糖三角醒20分钟。大火蒸15分钟后关火，3分钟后取出即可。

TIPS

1. 熟黑芝麻粉可以在超市购买，也可以自己制作——将黑芝麻小火炒香，放入搅拌机中打成粉即可。
2. 馅料中加少许面粉是为了防止糖三角蒸熟后红糖流出来，但是面粉不能加得太多，否则影响口感。

玉米面芝麻包

原料

面皮

玉米面………… 125 克
面粉…………… 125 克
温水………… 130 毫升
酵母……………… 3 克

馅料

红糖……………… 70 克
熟黑芝麻粉……… 18 克
面粉……………… 15 克

做法

❶ 酵母加温水搅匀。玉米面与面粉混合均匀，倒入酵母水，按照第 2~5 页的方法揉成光滑的面团，盖好静置发酵。
❷ 馅料中所有原料放入碗中搅匀。
❸ 将面团发酵至原来的 2 倍大。
❹ 取出面团，充分排气后揉光滑。
❺ 搓成长条，分成每个约 40 克重的剂子，用湿纱布盖好。
❻ 剂子按扁，捏成中间厚、边缘薄的面皮，放入适量馅料。
❼ 收口。
❽ 收口朝下，整形，盖上湿纱布醒 20 分钟。
❾ 蒸锅放水，蒸箅刷油，放入包子，大火蒸 15 分钟后关火，3 分钟后取出即可。

TIPS

1. 馅料中加少许面粉是为了防止包子蒸熟后红糖流出来，但是面粉不能加得太多，否则影响口感。
2. 玉米面与面粉的比例可根据个人喜好调整，玉米面比较粗，如果不喜欢，可增加面粉的用量。

红枣包

原料

面粉……………… 300 克
酵母………………… 3 克
温水………… 160 毫升
大红枣……………… 适量

TIPS

1. 要选用大的红枣，若红枣较小，剂子也要小一些。
2. 将剂子擀成面皮时，不能擀得太薄。面皮的长度以刚好能将红枣裹住为宜。

做法

❶ 酵母加温水搅匀，倒入面粉中，按照第 2~5 页的方法揉成光滑的面团，盖好静置发酵。
❷ 大红枣洗净，用厨房纸擦干表面水分。
❸ 将面团发酵至原来的 2 倍大。
❹ 取出面团，充分排气后揉光滑。
❺ 搓成长条，分成每个约 30 克重的剂子，用湿纱布盖好。剂子按扁，擀成椭圆形。
❻ 在面皮的一头放入一颗大红枣。
❼ 卷成卷。
❽ 笼屉刷油，放入红枣包。盖上湿纱布，醒 20 分钟。
❾ 蒸锅放水，大火蒸 15 分钟后关火，3 分钟后取出即可。

1
2
3
4
5
6
7
8
9

双色紫薯包

原料

白面团

面粉…………… 150 克
酵母………………… 2 克
温水……………80 毫升

紫薯面团

面粉…………… 160 克
紫薯…………… 100 克
酵母………………… 2 克
温水……………30 毫升

馅料

紫薯…………… 300 克
牛奶……………30 毫升
炼乳………………30 克
熟黑芝麻粉…… 1 汤匙
白糖………………… 适量

做法

❶ 制作紫薯面团：紫薯蒸熟后去皮，捣成泥，晾至不烫手。酵母加温水搅匀，倒入面粉中，再加入 100 克紫薯泥，按照第 2~5 页的方法揉成光滑的面团，盖好静置发酵。

❷ 制作白面团：酵母加温水搅匀，倒入面粉中，按照第 2~5 页的方法揉成光滑的面团，盖好静置发酵。

❸ 取 300 克紫薯泥，加入牛奶、白糖、炼乳和黑芝麻粉搅匀，制成馅料。

❹ 将紫薯面团发酵至原来的 2 倍大。

❺ 将白面团发酵至原来的 2 倍大。

❻ 两种面团分别排气后揉光滑，然后叠放在一起，按扁。

❼ 擀成约 0.3 厘米厚的长方形面片。

❽ 从短边开始卷成卷。

❾ 用刀切成大小均匀的剂子。

❿ 剂子按扁，擀成中间厚、边缘薄的面皮，放入适量馅料。放入馅料时，要使面皮接触擀面杖的一面朝外（这面花纹较清晰），这样做出来的成品才好看。

⓫ 收口。收口朝下放置，整形。

⓬ 笼屉刷油，放入紫薯包。盖上湿纱布，醒 20 分钟。

⓭ 蒸锅放水，大火蒸 15 分钟后关火，3 分钟后取出即可。

南瓜包 

原料

面皮

面粉……………… 420 克
南瓜(去皮去瓤)… 280 克
酵母………………… 5 克

馅料

红糖……………… 150 克
熟黑芝麻粉……… 50 克
面粉………………… 20 克

装饰

葡萄干……………… 适量

TIPS

馅料中加少许面粉是为了防止包子蒸熟后红糖流出来，但是面粉不能加得太多，否则影响口感。

做法

❶ 南瓜切片，放入蒸锅中蒸熟。蒸熟的南瓜捣成泥，晾至不烫手后加入酵母，搅匀。
❷ 加入面粉，搅成絮状。
❸ 按照第 2~5 页的方法揉成光滑的面团，盖好静置发酵。
❹ 馅料中所有原料搅匀。
❺ 将面团发酵至原来的 2 倍大。
❻ 取出面团，充分排气后揉光滑。
❼ 搓成长条，分成每个约 30 克重的剂子，用湿纱布盖好。
❽ 剂子按扁，擀成中间厚、边缘薄的面皮，放入适量馅料。
❾ 收口，将收口朝下放置，整成表面光滑的圆球。
❿ 用刀背在表面划几道。在顶部放一颗葡萄干做装饰，南瓜包就做好了。
⓫ 盖上湿纱布，醒 20 分钟。
⓬ 蒸锅放水，蒸箅刷油，放入南瓜包，大火蒸 15 分钟后关火，3 分钟后取出即可。

刺猬包 

原料

面粉……………… 300 克
酵母………………… 3 克
温水………… 160 毫升
红豆沙……………… 适量
黑芝麻……………… 少许

TIPS

1. 将剂子捏成面皮时，不要捏得太薄，否则在刺猬身上剪刺时容易露出馅料。
2. 剪刺时，后一排的刺与前一排的刺错开，即后一排的刺刚好在前一排两根刺的中间，这样才美观。

做法

❶ 酵母加温水搅匀，倒入面粉中，按照第 2~5 页的方法揉成光滑的面团，盖好静置发酵。
❷ 将面团发酵至原来的 2 倍大。
❸ 取出面团，充分排气后揉光滑。
❹ 搓成长条，分成每个约 40 克重的剂子，用湿纱布盖好。
❺ 剂子压扁，捏成中间厚、边缘薄的面皮。
❻ 放入适量红豆沙。
❼ 收口。
❽ 捏成一头尖、一头圆的形状。
❾ 用剪刀剪出刺。
❿ 粘上黑芝麻做眼睛，刺猬包就做好了。
⓫ 蒸锅放水，蒸箅刷油，放入刺猬包，盖上湿纱布（湿纱布不要直接盖在刺猬包上，要盖在笼屉上，以免将刺压塌），醒 20 分钟。
⓬ 大火蒸 15 分钟后关火，3 分钟后取出即可。

双色发糕

原料

南瓜面团

南瓜（去皮去瓤）……140 克
面粉……210 克
酵母……3 克

紫薯面团

紫薯……125 克
面粉……200 克
温水……45 毫升
酵母……3 克

TIPS

步骤 6 中，将南瓜面团与紫薯面团揉在一起时，轻揉几下即可，无须揉匀，这样做出来的成品才会颜色分明。

做法

❶ 制作南瓜面团：南瓜切片蒸熟，捣成泥，晾至不烫手后加入酵母搅匀。面粉放入南瓜泥中搅匀，按照第 2~5 页的方法揉成光滑的面团，盖好静置发酵。
❷ 制作紫薯面团：紫薯蒸熟，捣成泥，晾至不烫手。酵母加温水搅匀，倒入面粉中，放入紫薯泥，按照第 2~5 页的方法揉成光滑的面团，盖好静置发酵。
❸ 将南瓜面团发酵至原来的 2 倍大。
❹ 将紫薯面团发酵至原来的 2 倍大。
❺ 两种面团分别排气，再次揉光滑，然后叠放在一起。
❻ 稍微揉几下，将两个面团揉在一起（无须揉匀）。
❼ 将揉好的面团放在刷有一层油的容器中。
❽ 盖上湿纱布，面团再次发酵至 2 倍大。
❾ 放入蒸锅中，大火蒸 20 分钟后关火，3 分钟后取出即可。

1
2
3
4
5
6
7
8
9

南瓜芝麻饼

原料

面皮

面粉……………… 420克
南瓜（去皮去瓤）… 280克
酵母………………… 5克

馅料

红糖……………… 100克
熟黑芝麻粉………… 30克
面粉……………… 20克

TIPS

步骤6中，将剂子擀成面片时，要在案板及剂子上撒少许面粉防粘。

做法

❶ 南瓜切片蒸熟，捣成泥，晾至不烫手后加入酵母搅匀。
❷ 加入面粉搅匀，按照第2~5页的方法揉成光滑的面团，盖好静置发酵。
❸ 馅料中的所有原料放入碗中搅匀。
❹ 将面团发酵至原来的2倍大。
❺ 面团排气后揉光滑，再分成每个约80克重的剂子，用湿纱布盖好。
❻ 剂子擀成约0.2厘米厚的长方形面片，面片上均匀地撒上馅料。
❼ 沿长边卷成卷。
❽ 从一端卷至另一端。
❾ 擀成约0.3厘米厚的面饼，盖上湿纱布醒20分钟。平底锅烧热倒油，放入饼，烙至两面金黄即可。

1
2
3
4
5
6
7
8
9

发面玉米饼

原料

玉米面………… 150 克
面粉……………100 克
温水………… 135 毫升
酵母………………… 3 克

TIPS

1. 如果喜欢甜味，可在和面时加入适量白糖。
2. 烙饼时要用小火，否则容易烙焦。

做法

❶ 酵母加温水搅匀。玉米面与面粉混合均匀，倒入酵母水，搅成絮状。
❷ 按照第 2~5 页的方法揉成光滑的面团，盖好静置发酵。
❸ 将面团发酵至原来的 2 倍大。
❹ 取出面团，充分排气后揉光滑，然后搓成长条。
❺ 分成每个约 25 克重的剂子。
❻ 将剂子搓成长条，按扁。
❼ 从一端卷至另一端。
❽ 轻轻按成饼，盖上湿纱布，醒 20 分钟。
❾ 平底锅烧热倒油，放入饼，烙至两面金黄即可。

1
2
3
4
5
6
7
8
9

椒盐葱花发面饼

原料

面粉…………… 200 克
温水………… 115 毫升
酵母……………… 2 克
椒盐……………… 适量
葱花……………… 适量

TIPS

1. 步骤 3 中剂子要用湿纱布盖好，以免表面风干。
2. 烙饼时火不要太大，否则容易烙焦。

做法

❶ 酵母加温水搅匀，倒入面粉中，按照第 2~5 页的方法揉成光滑的面团，盖好静置发酵。
❷ 将面团发酵至原来的 2 倍大。
❸ 取出面团，充分排气后揉光滑，再分成每个约 60 克重的剂子。
❹ 剂子擀成约 0.3 厘米厚的长方形面片，在面片上刷一层油，均匀地撒上椒盐和葱花。
❺ 将面片折好。
❻ 用两手按住两头，朝相反的方向将其搓成长条。
❼ 从一端卷至另一端。
❽ 擀成约 0.5 厘米厚的饼，盖上湿纱布，醒 20 分钟。
❾ 平底锅烧热倒油，放入饼，烙至两面金黄即可。

1
2
3
4
5
6
7
8
9

口袋饼

原料

面粉…………… 300 克
酵母……………… 3 克
温水………… 160 毫升

TIPS

1. 在面片上刷油时，一定要刷均匀，以免饼烙熟后层次不分明。

2. 烙饼时，锅内刷少许油即可。

做法

❶ 酵母加温水搅匀，倒入面粉中，按照第 2~5 页的方法揉成光滑的面团，盖好静置发酵。

❷ 将面团发酵至原来的 2 倍大。

❸ 取出面团，充分排气后揉光滑，然后擀成长方形面片，在面片上均匀地刷一层油。

❹ 沿长边卷成卷。

❺ 切成每个约 45 克重的剂子，用湿纱布盖好。

❻ 将剂子的四个角捏在一起，整成球形。

❼ 收口朝下，按扁。擀成约 0.5 厘米厚的牛舌状。盖上湿纱布，醒 20 分钟。

❽ 平底锅刷一层油，放入饼，小火烙至两面金黄即可。

❾ 从中间切开，口袋饼就做好了。可以放入自己喜欢的蔬菜食用。

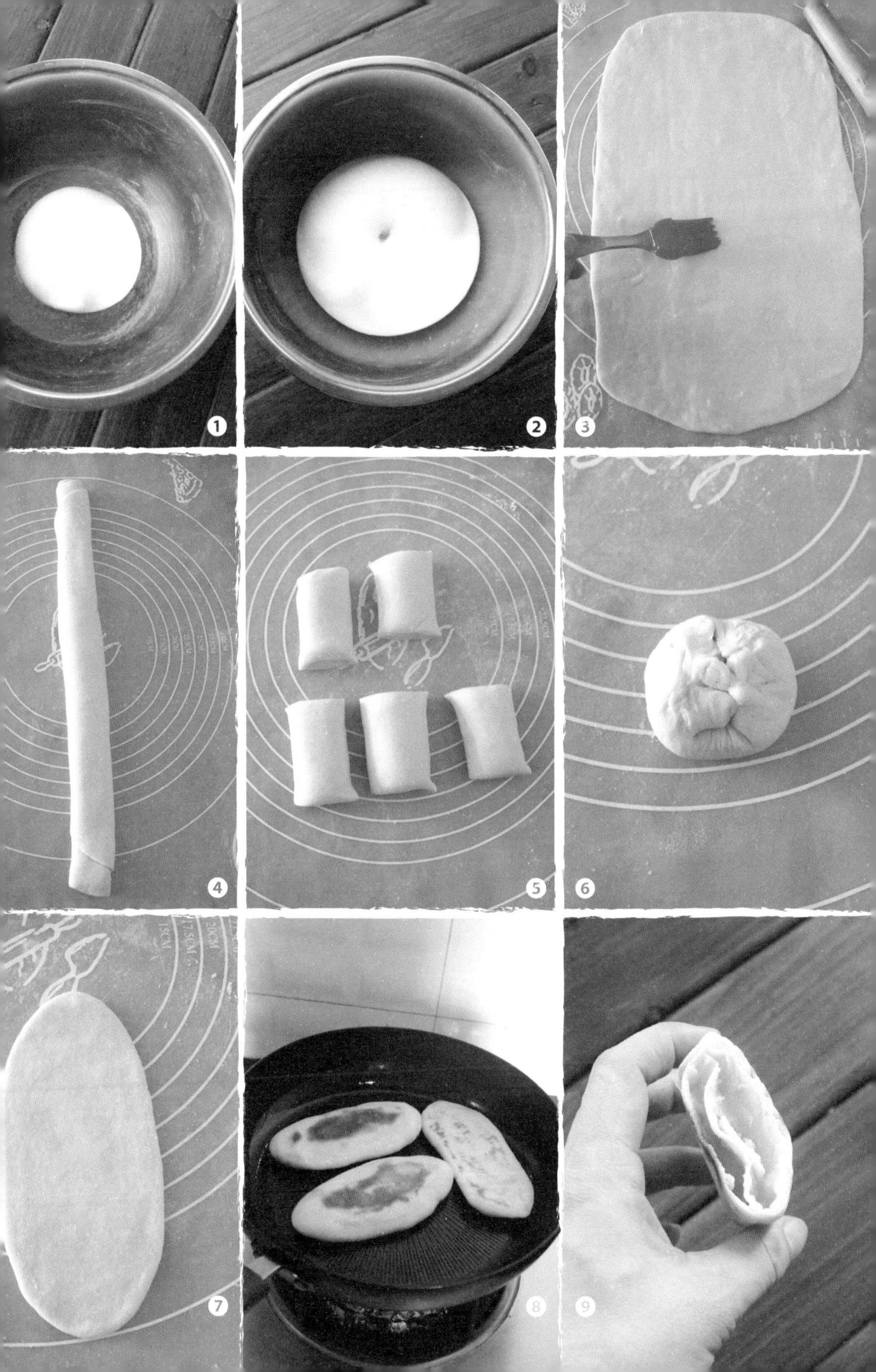

绿豆沙酥饼

原料

面皮

面粉…………… 200 克
酵母………………… 2 克
温水………… 110 毫升

油酥

油………………… 40 毫升
面粉………………… 25 克

馅料

绿豆沙…………… 适量

装饰

白芝麻…………… 适量

TIPS

油酥中含有油分，烙饼时无须放油。

做法

❶ 制作油酥：将油烧热，倒入面粉中，搅匀。
❷ 酵母加温水搅匀，倒入面粉中，按照第 2~5 页的方法揉成光滑的面团，盖好静置发酵。
❸ 将面团发酵至原来的 2 倍大。
❹ 取出面团，充分排气后揉光滑，再擀成约 0.3 厘米厚的长方形面片，在面片上均匀地涂抹上油酥。
❺ 沿长边卷成卷。
❻ 切成每个约 50 克重的剂子，用湿纱布盖好。
❼ 剂子按扁，四个角稍稍拉长。
❽ 将四个角捏在一起。
❾ 收口朝下，整成球形。按扁，捏成中间厚、边缘薄的面皮。
❿ 包入绿豆沙，收口。
⓫ 收口朝下，按成约 1 厘米厚的面饼。
⓬ 表面沾上芝麻，盖上湿纱布，醒 20 分钟。
⓭ 平底锅烧热，放入饼，小火烙至两面金黄即可。

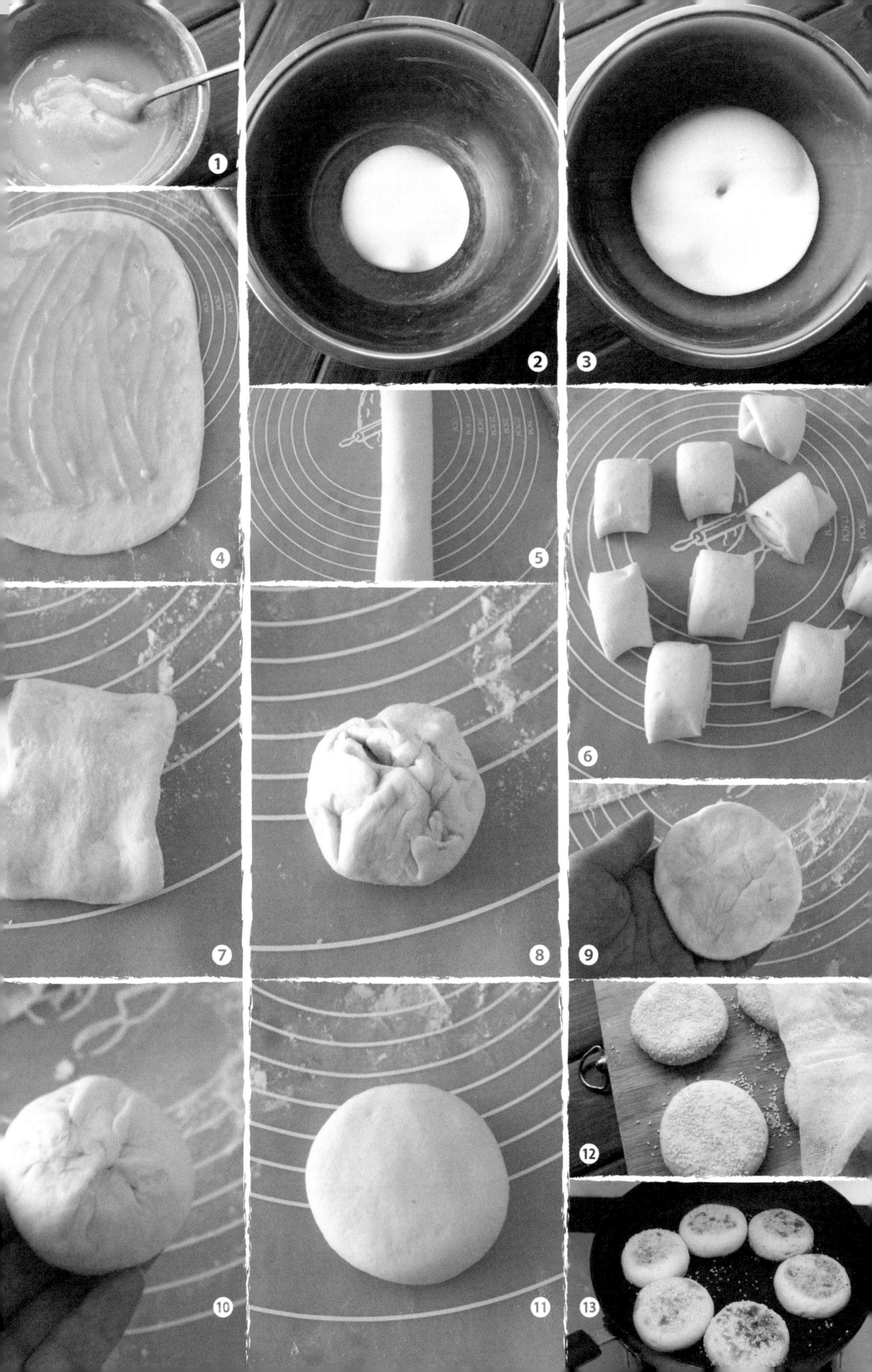

油条

原料

高筋面粉……… 400 克
酵母……………… 4 克
鸡蛋……………… 1 个
温水………… 230 毫升
白糖………………20 克
油………………20 毫升
小苏打…………… 4 克
盐………………… 4 克

TIPS

1. 面要和得软一些，油条才好吃。面团一定要充分发酵，否则油条不够松脆。
2. 炸油条的油要足够热，油条放入后应该立即浮起胀大，炸之前可先放入一小块面团试一试。

做法

❶ 酵母加 170 毫升温水搅匀。
❷ 面粉倒入盆中，放入白糖和油，打入鸡蛋，用筷子搅匀。酵母水倒入面粉中，按照第 2~5 页的方法揉成光滑的面团（此时面团有些硬），盖上湿纱布，放在温暖处发酵。
❸ 将面团发酵至原来的 2 倍大。
❹ 小苏打和盐放入小碗中，倒入 60 毫升温水，搅至溶解。
❺ 用手蘸调好的小苏打水，分次揉入发酵好的面团中。
❻ 小苏打水全部揉入面团中，将面团再次揉光滑（此时面团会比较软）。
❼ 盖上湿纱布，再次发酵至 2 倍大。
❽ 用小刷子在案板上刷一层油。面团放在案板上揉匀（面团吸油后又会变软一些），静置一会儿。
❾ 擀成约 0.5 厘米厚的长方形面片。
❿ 切成约 2 厘米宽的长条。
⓫ 长条两两叠放在一起，用筷子在中间压一下，然后捏住两端拉长一些，醒 20 分钟。
⓬ 炒锅中倒油，大火烧热，放入油条，用筷子不停翻动，炸至油条表面金黄后捞出沥油。

1
2
3
4
5
6
7
8
9
10
11
12

Chapter

水调面团类

面粉掺水后直接搅拌、揉匀且没有经过发酵的面团，我们称为水调面团。根据水温不同，水调面团大体可分为冷水面团、温水面团和热水面团三类。本章中介绍的41款面食就包括冷水面团类、温水面团类和热水面团类这三大类。

水调面团的制作

面粉掺水后直接搅拌、揉匀且没有经过发酵的面团，我们称为水调面团，也叫实面团，俗称死面、呆面。面条、饺子和死面饼等都是用水调面团制作的面食。

根据水温不同，水调面团大体可分为冷水面团、温水面团和热水面团三类。

冷水面团和面的水温在 30℃以下。特点是色白有光泽、韧性强、延展性好、拉力大，成品口感爽滑筋道，主要适用于制作水煮类面食，如面条、水饺和馄饨等。制作面条和水饺皮时，还可以在面粉中添加少量盐，以增强面团的韧性，使成品的口感更筋道。

温水面团和面的水温约为 50℃。其的特点是色较白，稍有光泽，有一定的韧性、可塑性和黏性，较易成形，成品口感柔中有劲，适合制作各种花式饺子和家常饼等。

热水面团，也叫烫面面团，和面的水温在 70℃以上。特点是色暗无光泽，无韧性，面团柔软，可塑性强，成品不易变形，口感软糯细腻，略带甜味，适合制作烫面包子和蒸饺等。和面的水温越高，做出的成品就越软——容易粘牙。因此，我们在制作热水面团时要根据需要掺入一部分冷水，即先用一部分热水将面粉搅成絮状，再添加少量冷水搅拌并揉匀，这样可以使成品口感糯而不粘。

做法

❶ 将水倒入面粉中，边倒边将面粉搅拌成絮状。

❷ 用手将面絮抓揉在一起。

❸ 将面团取出放在案板上（也可直接在盆里揉面，取出放在案板上好操作一些）。一只手按住面团的一端，另一只手的手腕用力将面团朝前推揉出去。

❹ 用手指顺势钩住面团并将面团拉回来。

❺ 重复步骤 3~4，反复揉搓几次，将面团揉成筒状。

❻ 把面团竖起来，与之前一样--只手按住面团，另一只手手腕用力将面团朝前推揉出去。

❼ 再用手指钩住面团并将面团拉回来，如此反复多次。

❽ 揉成表面光滑细腻的面团。

❾ 用湿纱布或保鲜膜将面团盖好，静置 20 分钟左右。

TIPS

1. 揉面的方法与发面面团的相同，面要揉匀、揉透。
2. 温水面团的揉面时间可比揉冷水面团的短一些。
3. 制作热水面团倒入热水时，要用画圈的方式将面烫熟、烫透。不要将热水倒在一个地方，这样面会烫得不均匀，成品里面没有被烫熟的面会形成小白点，影响美观。
4. 制作热水面团时，应先加热水将面粉搅成絮状，再添加少量冷水搅拌并揉匀，冷水的用量要根据实际情况或个人喜好调整。冷水越少，面团就越软、越黏。

手擀面

原料

面粉…………… 300克
冷水………… 130毫升
盐………………… 2克

做法

❶ 盐放入面粉中搅匀，倒入水，按照第92~93页的方法，揉成光滑的面团，盖上湿纱布醒30分钟。
❷ 取出醒好的面团，反复揉压后按扁。
❸ 撒少许干面粉，擀成圆面片。
❹ 擀至面片上没有干面粉时再撒一些防粘，用擀面杖将面片卷起来擀。
❺ 擀成约0.1厘米厚的面片，将面片折起来。
❻ 切成约0.5厘米宽的条。
❼ 在切好的面条上撒少许干面粉，然后将面条抖散。

TIPS

做手擀面时，面要和得硬一些，面团要反复揉，这样做出来的面条才筋道。

翡翠手擀面

原料

菠菜 200 克，面粉 300 克，盐少许，水约 60 毫升，蛋清一个

做法

❶ 菠菜洗净，放入沸水中焯烫约 1 分钟，捞出用冷水过凉沥干。
❷ 将焯烫后的菠菜切碎，放入搅拌机，加约 60 毫升水，搅碎成泥。
❸ 滤出菠菜汁。
❹ 取约 135 毫升菠菜汁，加入盐、蛋清拌匀，再加入面粉，拌匀。
❺ 按照第 92~93 页的方法揉成光滑的面团，盖好后静置约 30 分钟。
❻ 将醒好的面团取出，按照第 95 页的方法擀面、切面并抖散。

TIPS

1. 面要多揉一会儿，做面条的面要和得硬一些。
2. 和面的时候加盐和蛋清，都是为了让面更筋道。
3. 擀面的时候，当擀至面片上没有干粉时就要再撒上一些防粘。

南瓜手擀面

原料

南瓜 200 克，高筋面粉 350 克，盐约 2 克

做法

❶ 南瓜切片蒸熟，捣成泥状，晾凉。

❷ 加入面粉、盐，按照第 92~93 页的方法揉成光滑的硬面团，然后盖上湿纱布醒约 30 分钟。

❸ 面团醒好后，按照第 95 页的方法擀面、切面并抖散。

TIPS

1. 用料中面粉的用量仅做参考，具体用量根据南瓜泥中水分含量的不同而变化；不过要注意的是做手擀面的面团一定要和得硬一些，这样做出来的面条口感才筋道。
2. 面要多揉一会儿。
3. 擀面的时候，当擀至面片上没有干粉时就要再撒上一些防粘。

延伸做法

红烧牛腩面

原料

主料：手擀面适量，牛腩 250 克，青菜适量

调料：八角 2 个，桂皮 1 小块，香叶 2 片，郫县豆瓣酱 2 汤匙，蒜 2 瓣，姜 1 小块，白糖 1 茶匙，生抽 1 汤匙，老抽 1 汤匙，料酒 1 汤匙，盐适量，葱花适量

做法

❶ 牛腩洗净切块沥干，郫县豆瓣酱剁碎，姜切片，蒜去皮切片，八角、桂皮和香叶洗净。

❷ 炒锅烧热倒油，放入郫县豆瓣酱，小火炒出红油。

❸ 倒入约 2000 毫升水，开大火。

❹ 水开后滤出汤，辣椒渣不要。

❺ 另起锅，倒入适量油，放入八角、桂皮、香叶、蒜片和姜片，小火炒香。放入牛腩，转大火，炒至变色。倒入料酒、生抽和老抽，炒上色。

❻ 炒好的牛腩与锅中的香料一起倒入高压锅中，倒入步骤 4 过滤后的汤，加入盐和白糖。

❼ 盖上锅盖，大火烧至冒汽后转中火，煮约 40 分钟，关火放汽后打开锅盖，捞出牛腩。

❽ 锅中倒入适量水烧开，下入手擀面，煮熟。

❾ 再次烧开后下青菜，煮熟后将面条与青菜捞入碗中，加牛腩和汤，撒上葱花即可。

TIPS

1. 面条擀好后可直接下锅，但先晾 30 分钟再下锅，口感会更好。
2. 郫县豆瓣酱比较咸，所以煮面时要少放一些盐。

猫耳朵

原料

面粉…………… 200 克
冷水……………90 毫升
盐………………… 2 克

做法

❶ 盐放入面粉中搅匀。
❷ 加水，按照第 92~93 页的方法揉成光滑的面团，盖上湿纱布醒 30 分钟。
❸ 取出面团，充分排气后揉光滑。
❹ 擀成约 0.3 厘米厚的面片。
❺ 切成约 1 厘米宽的长条。
❻ 再切成指甲盖大小的面片。
❼ 取一块面片，放在竹帘上，大拇指按住面片，轻轻向前推压。
❽ 做成猫耳朵。

TIPS

1. 面团要反复揉，这样做出来的猫耳朵才筋道。
2. 如果没有竹帘，可将小面片放在案板上推压，不过这样做出来的猫耳朵表面没有花纹。

烩猫耳朵

原料

主料: 猫耳朵适量，番茄 120 克，洋葱 30 克，鲜香菇 25 克，鸡蛋 1 个

调料: 生抽 1 小匙，白糖 1/3 小匙，盐适量，葱花少许

做法

❶ 番茄切片，洋葱与香菇切丝，鸡蛋打散成蛋液。
❷ 锅内放入适量的水，烧开，下猫耳朵。煮熟后用漏勺捞出，沥干，备用。
❸ 锅内放油，下香菇与洋葱，炒出香味。
❹ 下番茄，炒匀。
❺ 放入适量的水，烧开后下煮好的猫耳朵。
❻ 淋入蛋液，放入盐、生抽、白糖、葱花，用锅铲轻轻推匀即可。

炒猫耳朵

原料

主料：猫耳朵适量，番茄 150 克，猪肉 80 克

调料：生抽 1 汤匙，白糖 1/2 茶匙，盐适量，葱花适量

做法

❶ 猪肉剁成末，加入少许盐和部分白糖搅匀；番茄去皮切碎。

❷ 锅中倒入适量水烧开，下入猫耳朵。水开后倒入少许冷水。

❸ 猫耳朵煮熟后用漏勺捞出，沥干。

❹ 炒锅烧热倒油，下入肉末，炒至出油变色。

❺ 放入番茄碎炒匀，加入少许水，煮一两分钟。

❻ 放入煮好的猫耳朵炒匀，再放入盐、生抽、葱花和剩余白糖，炒匀即可。

TIPS

番茄去皮小窍门：在番茄两端切十字花刀，放入沸水中烫一下，捞出后即可轻松撕去表皮。

牛肉馄饨

原料

主料

牛肉…………… 150 克
大葱………………30 克
馄饨皮…………… 适量

调料 A

酱油…………… 1 茶匙
淀粉…………… 1 茶匙
白糖………… 1/3 茶匙
鸡蛋清…………… 1 个
料酒…………… 1 茶匙
油……………… 1 汤匙
黑胡椒粉………… 少许
盐………………… 适量

调料 B

白糖………… 1/3 茶匙
香油………… 1/3 茶匙
鸡精……………… 少许
盐………………… 适量
葱花……………… 适量

做法

❶ 牛肉剁成末，大葱切末。
❷ 肉末中放入调料 A，朝一个方向搅拌上劲。放入大葱末，继续朝一个方向搅匀。
❸ 取一张馄饨皮，放入适量馅料。
❹ 将馄饨皮对折。
❺ 将有馅料的地方再往上折，注意留出约 1/4 的馄饨皮。
❻ 用中指压住有馅料的地方。
❼ 将馄饨皮底边的两个角捏在一起，制成馄饨。
❽ 锅中倒入适量水烧开，下入馄饨，煮熟。
❾ 碗中放入调料 B，将煮好的馄饨与汤一起舀入碗中即可。

TIPS

1. 市售的馄饨皮比较干，包的时候可以在馄饨皮的两个角上涂少许水，这样就容易粘住了。如果是自己擀的馄饨皮就不需要涂水。
2. 大葱末要等快包馄饨时再放入馅料中，这样葱香味会更浓。

1
2
3
4
5
6
7
8
9

三鲜馅

原料

主料：猪肉末 160 克，鲜虾仁 80 克，上海青 100 克

调料：酱油 1 茶匙，料酒 1 茶匙，白糖 1/3 茶匙，鸡蛋清 1 个，香油 1/2 茶匙，盐适量

做法

❶ 鲜虾仁剁成末；上海青洗净沥干后切碎，加少许油拌匀，锁住菜叶中的水分尽量少出水。

❷ 剁碎的虾仁放入肉末中；放入所有调料，朝一个方向搅拌上劲。

❸ 放入上海青末，继续朝一个方向搅匀。

鸡肉香菇馅

原料

主料：鸡肉 160 克，鲜香菇 80 克

调料：酱油 1 茶匙，白糖 1/2 茶匙，鸡蛋清 1 个，料酒 1 茶匙，黑胡椒粉少许，姜 1 小块（切成姜末），盐适量

做法

❶ 鸡肉剁成末，放入所有调料，朝一个方向搅拌上劲。

❷ 鲜香菇洗净挤干，切成小丁，放入肉末中。

❸ 继续朝一个方向搅匀。

香煎馄饨

原料

生馄饨适量，葱花适量，熟黑芝麻少许

做法

❶ 平底锅烧热，倒少许油，放入馄饨生坯，小火煎约半分钟。
❷ 沿锅边倒入 1 小碗热水，大约至馄饨的 1/4 处。
❸ 盖上锅盖，中火焖，其间转动几次锅使馄饨受热均匀，焖至水干。
❹ 打开锅盖，淋入适量油，小火将馄饨煎至底面金黄酥脆。
❺ 撒上葱花与熟黑芝麻即可。

TIPS

煎馄饨时，将锅中水焖干后馄饨已经熟了，但是馄饨的底面还没有煎黄，要再淋入油煎一会儿，这样底面就会金黄酥脆，吃起来更香。

葱油拌馄饨

原料

生馄饨适量，辣椒油 1 小匙，白糖 0.3 小匙，盐适量，酱油 1 小匙，陈醋 2 小匙，鸡精少许，葱段约 15 克，油适量

做法

❶ 锅中倒入适量水烧开，下入馄饨。
❷ 馄饨全部浮起后捞入碗中。
❸ 辣椒油 、白糖 、盐 、酱油 、陈醋和鸡精放入碗中搅匀，倒在煮好的馄饨上。
❹ 葱段放入汤勺中，倒入适量油爆香。
❺ 热油泼在馄饨上，搅匀即可食用。

TIPS

煮馄饨小窍门：可在水里放入少许的盐，水开后下入馄饨，待锅内水再次沸腾后，火力不要太大，保持微沸的状态，这样煮出来的馄饨皮不易破。

红油抄手

原料

主料：生馄饨适量

调料 A：白糖 1/3 茶匙，酱油 1 茶匙，醋 2 茶匙，盐适量，鸡精少许，葱花少许

调料 B：辣椒粉 1 汤匙，油适量

做法

❶ 油倒入汤勺中，烧至冒白烟。

❷ 将热油倒入辣椒粉中，制成辣油。

❸ 辣油与调料 A 混合均匀。

❹ 倒入适量开水，制成红油抄手汤。

❺ 锅中倒入适量水烧开，下入馄饨，煮至馄饨全部浮起后捞出，放入红油抄手汤中即可。

TIPS

煮馄饨时，可在水里放少许盐，水开后下入馄饨，煮开后转小火，这样煮出来的馄饨皮不易破。

馄饨包法变化

变化一

做法

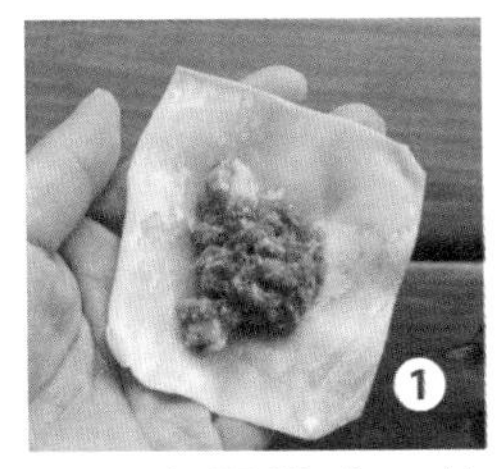

取一张馄饨皮，放入适量馅料。

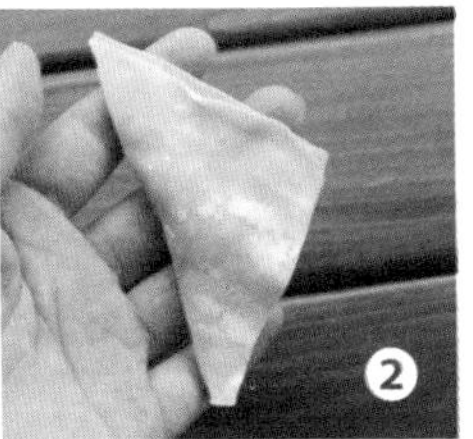

将馄饨皮对角折起来，形成三角形。

用中指压住有馅料的地方。

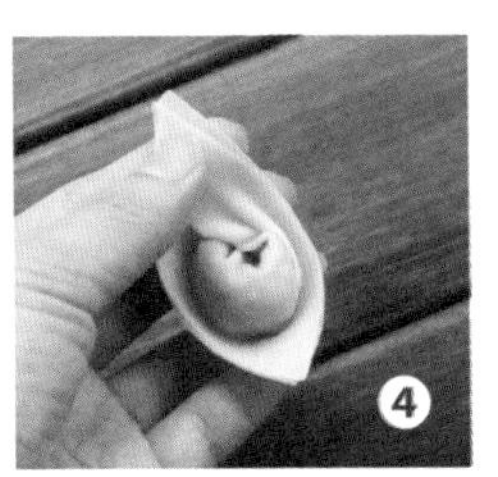

将两个角捏在一起。

变化二

做法

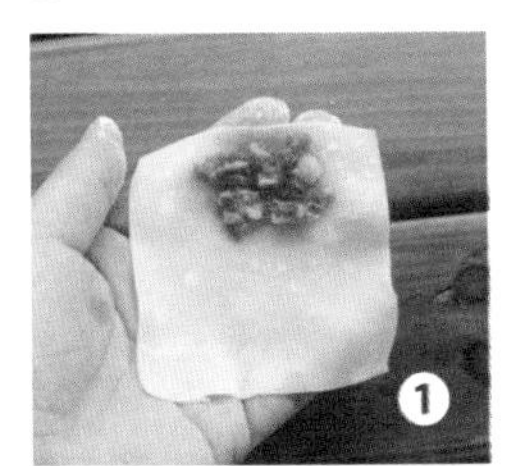

取一张馄饨皮，将馅料放在一侧。

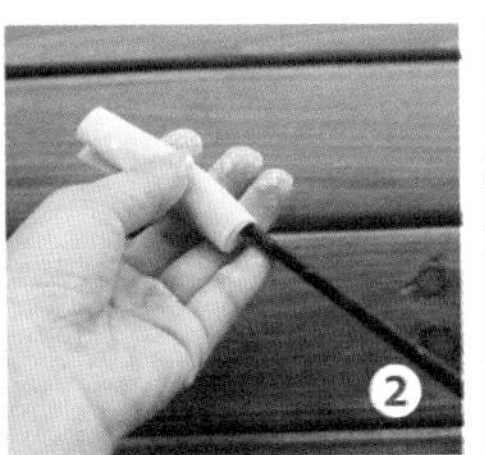

用筷子压住馅料，将馄饨皮沿着筷子卷起来。

用手指捏住馄饨皮两头往中间挤压，顺势抽出筷子。

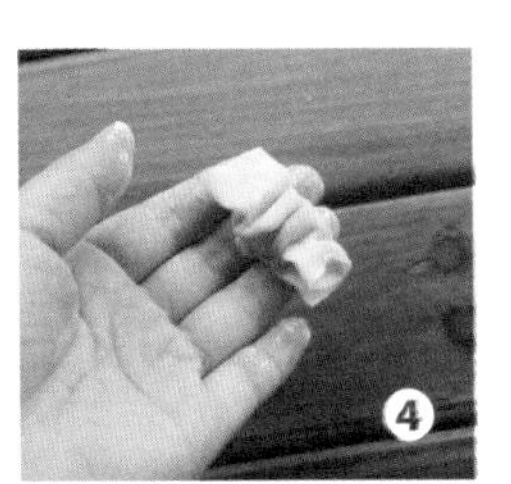

馄饨就做好了。

变化三

做法

取一张馄饨皮，放入适量馅料。

用虎口将馅料周围的馄饨皮同时向上收拢。

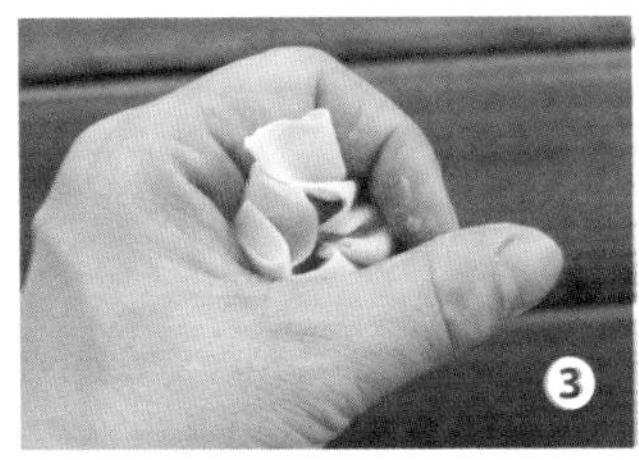

馄饨就做好了。

酸菜猪肉饺

原料

面皮

面粉…………… 250克
冷水………… 130毫升
盐………………… 适量

馅料

猪肉…………… 180克
酸菜…………… 100克

调料

料酒…………… 1茶匙
白糖………… 1/2茶匙
酱油…………… 1汤匙
香油………… 1/2茶匙
鸡蛋清……………… 1个
鸡精……………… 少许
盐………………… 适量

做法

❶ 盐放入面粉中搅匀，再倒入水，按照第92~93页的方法揉成光滑的面团，盖上湿纱布醒20分钟。
❷ 猪肉剁成末，放入所有调料，朝一个方向搅拌上劲。
❸ 酸菜洗净，挤干水分，切末。
❹ 酸菜末放入肉末中，继续朝一个方向搅匀。
❺ 醒好的面团搓成长条，分成每个约12克重的剂子。
❻ 剂子按扁，擀成中间厚、边缘薄的面皮。
❼ 放入适量馅料。
❽ 从一端开始捏褶，包成饺子。
❾ 锅中倒入适量水，加少许盐烧开，下入饺子。
❿ 盖上锅盖，将水烧开。
⓫ 倒入1小碗冷水，盖上锅盖，水开后再倒入少许冷水。
⓬ 打开锅盖，煮约1分钟后将饺子捞出即可。

TIPS

1. 用瘦肉占70%的猪肉包的饺子比全瘦肉的味道更好。
2. 煮饺子时，在水里加少许盐，这样煮好的饺子皮不易破。

1
TOMATOES
Crisp and delicate
2
3
4
5
6
7
8
9
ASD
10
11
12

韭菜猪肉馅

原料

主料：猪肉 150 克，韭菜 150 克

调料：料酒 1 茶匙，酱油 1 茶匙，白糖 1/3 茶匙，鸡蛋清 1 个，香油 1/2 茶匙，鸡精少许，盐适量

做法

❶ 猪肉剁成末，放入所有调料，朝一个方向搅匀。

❷ 韭菜洗净沥干，切成小段，加入少许油搅匀。

❸ 猪肉末放入韭菜中，搅匀即可。

TIPS

在切成段的韭菜中拌入少许油可以锁住韭菜的水分，防止韭菜拌入肉馅后出水。

玉米猪肉馅

原料

主料：猪肉 130 克，熟玉米粒 50 克

调料：酱油 2/3 茶匙，料酒 1 茶匙，白糖 1/3 茶匙，鸡蛋清 1 个，香油 1/2 茶匙，鸡精少许，盐适量

做法

❶ 猪肉剁成末，放入所有调料，朝一个方向搅拌上劲。

❷ 放入熟玉米粒，继续朝一个方向搅匀。

芝麻排叉 

原料

面粉……………… 150 克
黑芝麻……………… 7 克
水………………… 60 毫升
白糖………………… 40 克

做法

❶ 水倒入面粉中，搅成均匀的絮状，再倒入黑芝麻。
❷ 按照第 92~93 页的方法揉成光滑的面团，盖上湿纱布醒 30 分钟。
❸ 醒好的面团按扁。
❹ 擀成薄面片。
❺ 切成约 2 厘米宽、5 厘米长的小面片。
❻ 面片两两重叠，用刀在中间划 3 个口。
❼ 面片的一端从中间的口穿过，再拉出去。
❽ 炒锅中倒油，烧至有少量白烟冒出，放入排叉，炸至金黄酥脆捞出即可。

TIPS

1. 面要和得硬一些，这样炸出来的排叉口感更脆。
2. 步骤 4 中，面皮要尽量擀得薄一些。

笑口枣

原料

低筋面粉……… 200 克
泡打粉…………… 3 克
小苏打…………… 2 克
白糖……………… 50 克
水……………… 90 毫升
白芝麻…………… 20 克
油……………… 10 毫升

做法

❶ 水倒入锅中加热，放入白糖和油，白糖溶解后倒出晾凉。
❷ 低筋面粉、小苏打和泡打粉，混合过筛。
❸ 晾凉的糖水倒入面粉中，搅匀。
❹ 按照第 92~93 页的方法揉成光滑的面团，盖上湿纱布，醒 20 分钟。
❺ 分成每个约 15 克重的剂子，搓成小圆球。
❻ 小圆球放入芝麻中滚，待其表面沾满芝麻后再轻搓几下，使芝麻粘得牢固些。
❼ 炒锅内倒油，烧至有少量白烟冒出，放入笑口枣，小火炸至有裂口后捞出。

TIPS

1. 面团无须反复揉，以免出筋，影响成品开口。
2. 炸笑口枣时，火要小，否则不易开口。放入笑口枣后不要翻动，因为笑口枣在一面受热的情况下才容易开口。要用小火炸至开口后再翻动，最后出锅前再转大火炸几秒后捞出。
3. 步骤 6 中，可用少许水将手掌打湿，将小圆球放入手中来回搓几下，再放入芝麻中滚动，这样芝麻粘得更牢。

葱香手抓饼

原料

面粉…………… 200克
热水…………… 90毫升
冷水…………… 30毫升
葱花…………… 适量
盐…………… 少许

TIPS

1. 如果全用热水和面，做出来的饼较软，而且口感发黏，加入少许冷水做出来的饼更好吃。
2. 步骤7中，醒饼的时间不可省略，饼涂上油再醒30分钟，口感会更好。
3. 因为饼中有油，所以烙饼时无须额外放油。

做法

❶ 热水慢慢倒入面粉中，边倒边用筷子搅匀，再倒入冷水搅匀。按照第92~93页的方法揉成光滑的面团，盖上湿纱布醒20分钟。
❷ 葱花和盐放入耐热的碗中，油烧热后倒入碗中。
❸ 醒好的面团搓成长条，分成每个约35克重的剂子。
❹ 剂子擀成约0.2厘米厚的面片，将浇上热油的葱花涂抹在面片上。
❺ 将面片折好。
❻ 从一端开始卷成面卷。
❼ 面卷用手按扁，再刷一些葱油，盖上保鲜膜，醒30分钟。
❽ 饼放入平底锅中，用手按薄。醒过的饼会很软，所以将饼放入锅中后，用手可以轻松地将其按薄。
❾ 开中火，烙至两面金黄后用锅铲掀松即可。

1
2
3
4
5
6
7
8
9

葱油饼

原料

面粉……………… 200 克
热水……………… 90 毫升
冷水……………… 30 毫升
葱花……………… 适量
盐………………… 适量

TIPS

1. 如果全用热水和面，做出来的饼较软，而且口感发黏，加入少许冷水做出来的饼更好吃。
2. 烙饼时火不要太大，否则容易烙焦。

做法

❶ 热水倒入面粉中，边倒边用筷子搅匀，再倒入冷水搅匀。按照第 92~93 页的方法揉成光滑的面团，盖上湿纱布醒 20 分钟。
❷ 醒好的面团搓成长条。
❸ 分成每个约 40 克重的剂子。
❹ 剂子擀成约 0.2 厘米厚的圆面片。
❺ 在面片上刷一层油，撒上适量盐和葱花。
❻ 卷成卷。
❼ 从一端卷至另一端。
❽ 擀成约 0.3 厘米厚的饼。
❾ 平底锅烧热后倒少许油，放入饼，中小火烙至两面金黄即可。

1
2
3
4
5
6
7
8
9

豆沙饼

原料

面粉…………… 200 克
热水……………90 毫升
冷水……………30 毫升
红豆沙…………… 适量

TIPS

1. 如果全用热水和面，做出来的饼较软，而且口感发黏，加入少许冷水做出来的饼更好吃。
2. 面要和得软一些。
3. 烙饼时火不要太大，否则容易烙焦。

做法

❶ 热水慢慢倒入面粉中，用筷子搅匀，再倒入冷水搅匀。按照第 92~93 页的方法揉成光滑的面团，盖上湿纱布醒 20 分钟。
❷ 醒好的面团搓成长条。
❸ 分成每个约 40 克重的剂子。
❹ 剂子擀成约 0.2 厘米厚的面片，均匀地涂抹上豆沙。
❺ 卷成卷。
❻ 从一端卷至另一端。
❼ 擀成约 0.3 厘米厚的饼。
❽ 平底锅烧热后倒少许油，放入豆沙饼。
❾ 小火烙至两面金黄即可。

1
2
3
4
5
6
7
8
9

褡裢火烧

原料

面皮

面粉…………… 200 克
热水…………… 90 毫升
冷水…………… 30 毫升

馅料

猪肉…………… 150 克
大葱……………… 30 克

调料

鸡蛋清…………… 1 个
蚝油…………… 1 茶匙
酱油…………… 1 茶匙
白糖………… 1/3 茶匙
料酒…………… 1 茶匙
香油………… 1/2 茶匙
盐……………… 适量

做法

❶ 热水慢慢倒入面粉中，边倒边用筷子搅匀，再倒入冷水搅匀。
❷ 按照第 92~93 页的方法揉成光滑的面团，盖上湿纱布醒 20 分钟。
❸ 猪肉剁成末，放入所有调料后朝一个方向搅匀。
❹ 大葱切末，放入肉馅中。
❺ 醒好的面团分成每个约 40 克重的剂子，将剂子搓长一些，按扁。
❻ 擀成约 0.2 厘米厚的长方形面片。
❼ 将馅料均匀地涂抹在面片上。
❽ 取长边向中间折。
❾ 另一边也折过来，两头稍稍压紧。
❿ 平底锅烧热倒油，放入火烧，开中小火。
⓫ 盖上锅盖，火烧更易熟。
⓬ 烙至两面金黄即可。

TIPS

1. 葱花要等快包火烧时再放入馅料中，这样葱香味会更浓。
2. 烙火烧时火不要太大，以免出现火烧表面烧焦而中间还未熟透的情况。

1
2
3
4
5
6
7
8
9
10
11
12
GEBACK

鸡蛋灌饼

原料

面粉…………… 150 克
热水……………65 毫升
冷水……………25 毫升
鸡蛋……………… 3 个
葱花……………… 少许
盐………………… 少许

TIPS

1. 面要和得软一些，做出的饼口感会更好。
2. 烙饼时火不要太大，烙至饼中间鼓起时用筷子从鼓起处戳一个小洞，然后将饼里的隔层划开，这样再灌蛋液时整个饼中间就会充满蛋液。

做法

❶ 热水倒入面粉中，边倒边用筷子搅匀，再倒入冷水搅匀。
❷ 按照第 92~93 页的方法揉成光滑的面团，盖上湿纱布醒 20 分钟。
❸ 鸡蛋打散，放入盐和葱花搅匀。
❹ 醒好的面团擀成约 0.2 厘米厚的长方形面片。
❺ 均匀地刷一层油。
❻ 沿长边卷成长条。
❼ 用刀切成每个约 40 克重的剂子。
❽ 将剂子的四个角捏在一起，整成球形。
❾ 收口朝下，按扁，擀成约 0.3 厘米厚的饼。
❿ 平底锅烧热倒油，放入饼，烙至由白色变透明时翻面，待中间鼓起时用筷子戳一个小洞。
⓫ 从小洞口灌入蛋液。
⓬ 烙至蛋液凝固后翻面，烙至两面金黄即可。

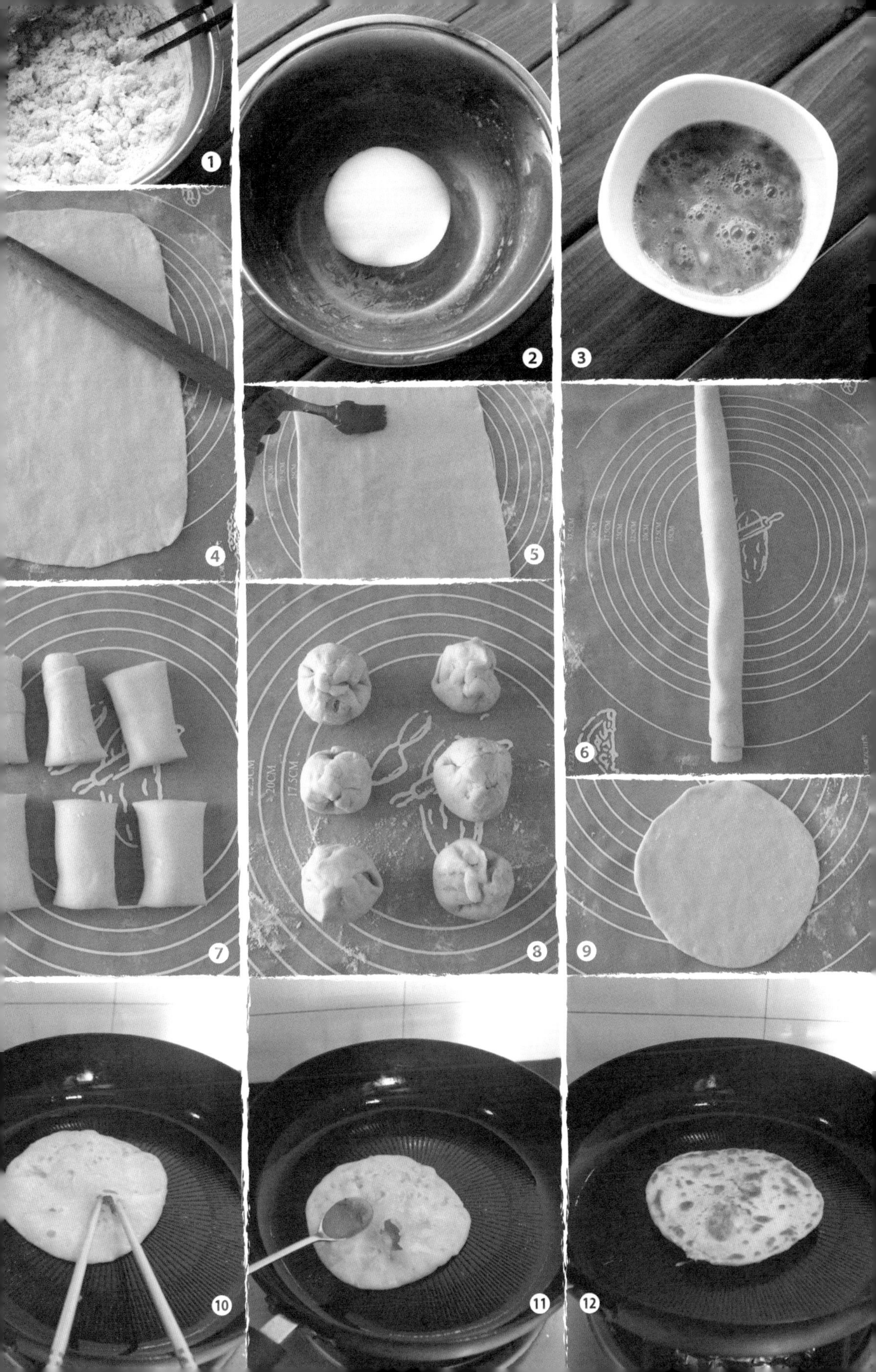

韭菜合子

原料

面皮

面粉…………… 150 克
热水……………60 毫升
冷水……………30 毫升

馅料

韭菜…………… 200 克
鸡蛋……………… 2 个
白糖………… 1/2 茶匙
盐………………… 适量

做法

❶ 热水慢慢倒入面粉中，用筷子搅匀，再倒入冷水搅匀，按照第 92~93 页的方法揉成光滑的面团，盖上湿纱布醒 20 分钟。
❷ 韭菜洗净沥干，切成小段；鸡蛋打散。
❸ 将少许油倒入切好的韭菜中，搅匀。
❹ 炒锅烧热倒油，放入蛋液，用筷子迅速搅散。
❺ 炒好的鸡蛋放入韭菜中。
❻ 再加入盐和白糖，搅匀。
❼ 醒好的面团搓成长条。
❽ 分成每个约 20 克重的剂子。
❾ 剂子按扁，擀成中间厚、边缘薄的面皮。
❿ 取适量馅料放入面皮。
⓫ 将面皮对折，边缘捏紧，制成韭菜合子。
⓬ 平底锅倒油，放入韭菜合子，中小火烙至两面金黄即可。

TIPS

1. 韭菜洗净后要沥干。切韭菜时，尽量一刀切断，避免刀在菜叶上反复拉扯，这样可以防止韭菜出水。
2. 韭菜切好后，先拌入少许油，可以锁住韭菜中的水分防止出水。
3. 烙韭菜合子时，火不要太大，以免烙焦。

烫面鸡蛋饼

原料

面粉…………… 150 克
热水…………… 75 毫升
冷水…………… 20 毫升
鸡蛋…………… 3 个
葱花…………… 适量
盐…………… 少许

做法

❶ 面粉放入盆中，倒入热水搅匀，再倒入冷水搅匀，按照第 92~93 页的方法揉成光滑的面团，盖上湿纱布醒 20 分钟。
❷ 鸡蛋打散，放入盐和葱花，搅匀。
❸ 醒好的面团分成每个约 70 克重的剂子，将剂子按扁。
❹ 擀成约 0.2 厘米厚的饼。
❺ 平底锅烧热倒少许油，开小火，放入饼。
❻ 用勺子舀适量蛋液均匀地摊在饼上。
❼ 烙至蛋液凝固，饼呈金黄色。
❽ 将烙好的饼卷成卷即可。

TIPS

1. 面要和得软一些，和面时如果全部用热水，成品会很软，而且口感发黏。用大部分热水先将部分面粉烫熟，再倒入少许冷水，这样成品口感会更好。热水要慢慢地以画圈的方式倒入，这样才能将面粉烫均匀。
2. 步骤 4 中，饼要尽量擀得薄一些。
3. 做好的烫面鸡蛋饼在卷成卷之前，可以刷上自己喜欢的酱料，使味道更丰富。

西葫芦肉饼

原料

面皮

面粉…………… 250 克
热水………… 110 毫升
冷水…………… 40 毫升

馅料

西葫芦………… 150 克
猪肉…………… 150 克

调料

生抽…………… 1 茶匙
老抽…………… 1 茶匙
料酒…………… 1 茶匙
白糖………… 1/2 茶匙
鸡蛋清…………… 1 个
香油………… 1/2 茶匙
盐……………… 适量

做法

❶ 热水倒入面粉中，边倒边用筷子搅匀，再倒入冷水搅匀，按照第 92~93 页的方法揉成光滑的面团，盖上湿纱布醒 20 分钟。
❷ 猪肉剁成末，加入所有调料，朝一个方向搅匀。
❸ 西葫芦擦丝，用手挤去多余的水分。
❹ 西葫芦丝放入肉末中，搅匀。
❺ 醒好的面团分成每个约 50 克重的剂子。
❻ 将剂子擀成约 0.2 厘米厚的长方形面片，均匀地铺上馅料。
❼ 将面片的两端向中间折叠。
❽ 再对折一次，将两头按紧。
❾ 平底锅倒油，放入西葫芦肉饼，中小火烙约 1 分钟后加入少许水，盖上锅盖。水干后打开锅盖，烙至两面金黄即可。

TIPS

1. 西葫芦擦丝后一定要挤干，以免拌入肉末后水分太多使馅料变稀。
2. 烙肉饼时中小火即可，以免饼表面烧焦而中间还未熟透。可先将饼烙 1 分钟，然后沿锅边淋入少许水，盖上锅盖，这样肉饼更易熟透。水干后要打开锅盖再烙一会儿，这样肉饼就会外焦里嫩。

TOMATOES
Crisp and delicate
1
2
3
4
5
6
7
8
9

烧卖

原料

面皮

面粉…………… 250 克

热水………… 125 毫升

馅料

糯米…………… 300 克

猪肉…………… 150 克

调料

生抽…………… 1 汤匙

老抽…………… 1 汤匙

白糖………… 1/3 茶匙

香油………… 1/2 茶匙

鸡蛋清…………… 1 个

盐…………………… 适量

做法

❶ 糯米淘洗干净后蒸熟，然后趁热弄松散。

❷ 热水倒入面粉中，边倒边搅拌，按照第 92~93 页的方法揉成光滑的面团，盖上湿纱布醒 30 分钟。

❸ 猪肉剁成末，放入所有调料，朝一个方向搅拌上劲。馅料倒入糯米饭中，戴上一次性手套，抓匀。

❹ 醒好的面团搓成长条。

❺ 分成每个约 20 克重的剂子。剂子擀成面皮。

❻ 面皮上放适量馅料。

❼ 用虎口将面皮的边缘同时向中间捏。

❽ 制成烧卖。

❾ 蒸锅放水，蒸箅刷油，放入烧卖，大火蒸 20 分钟即可。

TIPS

1. 和面时要用热水（约 70℃），这样蒸出来的烧卖面皮才不会硬。
2. 要选用瘦肉占 70% 的猪肉，这样口感更好。不要用全瘦肉，以免吃起来发柴。
3. 烧卖皮要尽量擀得薄一些。

元宝蒸饺

原料

面皮

面粉…………… 300 克

开水………… 160 毫升

馅料

猪肉…………… 220 克

胡萝卜………… 100 克

调料

酱油…………… 1 汤匙

料酒…………… 1 茶匙

白糖………… 1/2 茶匙

鸡蛋清……………… 1 个

香油………… 1/2 茶匙

鸡精………………… 少许

盐…………………… 适量

做法

❶ 开水倒入面粉中，边倒边用筷子迅速搅拌，按照第 92~93 页的方法揉成光滑的面团，盖上湿纱布醒 30 分钟。

❷ 猪肉剁成末，胡萝卜切末。

❸ 所有调料放入肉末中，朝一个方向搅拌上劲。

❹ 放入胡萝卜末，继续朝一个方向搅匀。

❺ 醒好的面团搓成长条，分成每个约 15 克重的剂子。

❻ 剂子按扁，擀成中间厚、边缘薄的面皮，放入适量馅料。

❼ 对折捏合成半圆形。

❽ 将底边的两个角捏合，包成元宝饺。

❾ 蒸锅放水，笼屉刷油，放入蒸饺，大火蒸 15 分钟即可。

TIPS

1. 和面的时候，开水要慢慢地以画圈的方式倒入，这样才能将面烫均匀。

2. 制作肉馅时，加入调料后要朝一个方向搅拌，这样才容易将肉馅搅上劲。

1
TOMATOES
Crisp and delicate
2
3
TOMATOES
4
5
6
7
8
9

玉米蒸饺

原料

面皮

玉米面……………80 克
面粉……………100 克
开水…………100 毫升

馅料

猪肉……………130 克
熟玉米粒…………50 克

调料

酱油…………2/3 茶匙
料酒……………1 茶匙
白糖…………1/3 茶匙
鸡蛋清……………1 个
香油…………1/2 茶匙
鸡精………………少许
盐…………………适量

做法

❶ 玉米面与面粉混合均匀。
❷ 倒入开水，迅速搅拌，按照第 92~93 页的方法揉成光滑的面团，盖上湿纱布醒 20 分钟。
❸ 猪肉剁成末，放入所有调料，朝一个方向搅拌上劲。
❹ 放入熟玉米粒，继续朝一个方向搅匀。
❺ 醒好的面团搓成长条。
❻ 分成每个约 15 克重的剂子。
❼ 剂子按扁，擀成中间厚、边缘薄的面皮。
❽ 放入适量馅料。
❾ 面皮对折，中间捏合，两头不封口。
❿ 如图，将两头的面皮向中心捏出褶子。
⓫ 将褶子捏完，玉米饺就包好了。
⓬ 蒸锅放水，笼屉刷油，放入蒸饺，大火蒸 15 分钟即可。

TIPS

1. 玉米面较粗，可根据个人喜好调整玉米面与面粉的比例。
2. 和面时一定要用开水，这样做出的玉米蒸饺皮更软。

1
2
3
4
5
6
7
8
9
10
11
12

南瓜柳叶蒸饺

原料

面皮

南瓜（去皮去瓤）…… 150 克

面粉…………… 250 克

馅料

猪肉…………… 250 克

胡萝卜…………… 80 克

调料

酱油…………… 1 汤匙

料酒…………… 1 茶匙

白糖………… 1/2 茶匙

鸡蛋清…………… 1 个

香油………… 1/2 茶匙

鸡精…………… 少许

盐…………… 适量

做法

❶ 南瓜切片蒸熟，捣成泥。

② 趁热加入面粉，搅匀。

❸ 按照第 92~93 页的方法揉成光滑的面团，盖上湿纱布醒 30 分钟。

④ 猪肉剁成末，胡萝卜切末。

❺ 调料全部放入肉末中，朝一个方向搅拌上劲。

⑥ 放入胡萝卜末，继续朝一个方向搅匀。

❼ 醒好的面团搓成长条，分成每个约 12 克重的剂子。

⑧ 剂子按扁，擀成中间厚、边缘薄的面皮。

❾ 放入适量馅料。

⑩ 从一头开始左右交替捏褶。

⓫ 包成柳叶饺。

⑫ 蒸锅放水，笼屉刷油，放入蒸饺，大火蒸 15 分钟即可。

TIPS

1. 制作南瓜面团时，建议将面和得硬一些。
2. 面粉要趁南瓜泥还烫的时候放入，这样做出的蒸饺皮更软。

1
2
3
4
5
TOMATOES
6
TOMATOES
7
8
9
10
11
12

西葫芦南瓜蒸饺

原料

面皮

南瓜(去皮去瓤)…… 150 克
面粉…………… 250 克

馅料

猪肉…………… 180 克
西葫芦………… 180 克

调料

酱油…………… 1 茶匙
料酒…………… 1 茶匙
白糖………… 1/2 茶匙
鸡蛋清…………… 1 个
香油………… 1/2 茶匙
鸡精……………… 少许
盐………………… 适量

做法

❶ 南瓜切片蒸熟，捣成泥。
❷ 趁热加入面粉，搅匀。
❸ 按照第 92~93 页的方法揉成光滑的面团，盖上湿纱布醒 30 分钟。
❹ 猪肉剁成末，放入所有调料，朝一个方向搅拌上劲。
❺ 西葫芦擦丝。
❻ 西葫芦丝挤干水分，放入肉末中，继续朝一个方向搅匀。
❼ 醒好的面团搓成长条，分成每个约 15 克重的剂子。
❽ 剂子按扁，擀成中间厚、边缘薄的面皮，放入适量馅料。
❾ 面皮对折成半圆形，边缘捏紧。
❿ 从一头开始捏出花边。
⓫ 包成花边饺。
⓬ 蒸锅放水，笼屉刷油，放入蒸饺，大火蒸 15 分钟即可。

TIPS

1. 面粉要趁南瓜泥还烫的时候放入，这样做出来的蒸饺皮更软。
2. 擦好的西葫芦丝水分较多，要挤干一些，以免拌入肉馅后馅料太稀。

1
2
3
TOMATOES
Crisp and delicate
4
5
6
7
8
9
10
11
12

双色蒸饺

原料

南瓜面团

南瓜（去皮去瓤）…… 120 克

面粉…………… 200 克

紫薯面团

紫薯…………… 120 克

面粉…………… 200 克

开水…………… 20 毫升

馅料

猪肉…………… 300 克

调料

酱油…………… 1 汤匙

料酒…………… 2 茶匙

白糖………… 1/2 茶匙

鸡蛋清…………… 1 个

香油………… 1/2 茶匙

鸡精…………… 少许

盐…………… 适量

做法

❶ 南瓜切片蒸熟，捣成泥。放入面粉搅匀，按照第 92~93 页的方法揉成光滑的面团，盖上湿纱布醒 20 分钟。

❷ 紫薯蒸熟后去皮，捣成泥，加入开水，放入面粉搅匀后按照第 92~93 页的方法揉成面团，盖上湿纱布醒 20 分钟。

❸ 猪肉剁成末，放入所有调料，朝一个方向搅拌上劲。

❹ 醒好的南瓜面团搓成条，分成每个约 40 克重的剂子，擀成中间厚、边缘薄的面皮。

❺ 紫薯面团搓成长条，分成每个约 40 克重的剂子，擀成中间厚、边缘薄的面皮。

❻ 南瓜面皮中放入适量馅料。

❼ 对折后捏成半圆形。

❽ 紫薯面皮中放入适量馅料。

❾ 对折后捏成半圆形。

❿ 如图，两种饺子直边相对，上下两个角分别捏紧，使饺子粘在一起成圆形。

⓫ 捏出花边，双色饺就包好了。

⓬ 蒸锅放水，笼屉刷油，放入蒸饺，大火蒸 15 分钟即可。

1
2
3
4
5
6
7
8
9
10
11
12

鸳鸯蒸饺

原料

面皮

面粉…………… 300 克

开水………… 160 毫升

馅料

猪肉…………… 320 克

调料

酱油…………… 1 汤匙

料酒…………… 2 茶匙

白糖…………… 1 茶匙

鸡蛋清…………… 1 个

香油………… 1/2 茶匙

鸡精……………… 少许

盐………………… 适量

装饰

豇豆……………… 适量

胡萝卜…………… 适量

做法

❶ 开水倒入面粉中，边倒边用筷子迅速搅拌。

② 按照第 92~93 页的方法揉成光滑的面团，盖上湿纱布醒 30 分钟。

❸ 猪肉剁成末，放入所有调料，朝一个方向搅拌上劲。

④ 豇豆、胡萝卜分别切末。

❺ 醒好的面团搓成长条，分成每个约 15 克重的剂子。

⑥ 剂子按扁，擀成中间厚、边缘薄的面皮。

❼ 放入适量馅料。

⑧ 对折，将中间捏合，使面皮底边形成四个角。

❾ 将 A 角和 B 角捏合。

⑩ 将 C 角和 D 角捏合。

⓫ 在两边的孔里放入装饰用料，包成鸳鸯饺。

⑫ 蒸锅放水，笼屉刷油，放入蒸饺，大火蒸 15 分钟即可。

TIPS

1. 装饰用料可根据个人喜好选择，搭配好颜色即可。
2. 饺子皮不要擀得太薄，以免饺子蒸好后变形。

1
2
3
4
5
6
7
B
A
D
C
8
C
D
9
10
11
12

三眼蒸饺

原料

面皮

面粉…………… 300克

开水………… 160毫升

馅料

猪肉…………… 320克

调料

酱油…………… 1汤匙

料酒…………… 1茶匙

白糖………… 1/2茶匙

鸡蛋清…………… 1个

香油………… 1/2茶匙

鸡精……………… 少许

盐………………… 适量

装饰

豇豆……………… 适量

胡萝卜…………… 适量

嫩玉米粒………… 适量

做法

❶ 开水倒入面粉中，边倒边用筷子迅速搅拌。

② 按照第92~93页的方法揉成光滑的面团，盖上湿纱布醒30分钟。

❸ 猪肉剁成末，放入所有调料，朝一个方向搅拌上劲。

④ 豇豆、胡萝卜和嫩玉米粒分别切末。

❺ 醒好的面团搓成长条，分成每个约15克重的剂子。

⑥ 剂子按扁，擀成中间厚、边缘薄的面皮，放入适量馅料。

❼ 将面皮捏成三角形。

⑧ 三角形的角依次向中心捏合，捏成三眼形。

❾ 三个眼里分别放入切成末的豇豆、胡萝卜和嫩玉米粒，三眼饺就包好了。

⑩ 蒸锅放水，笼屉刷油，放入饺子，大火蒸15分钟即可。

TIPS

1. 和面时，开水要慢慢地以画圈的方式倒入，才能将面烫均匀。
2. 三种装饰用料可根据个人喜好选择，搭配好颜色即可。
3. 饺子皮不要擀得太薄，以免饺子蒸好后变形。

1
2
3
4
5
6
7
8-1
8-2
8-3
9
10

四喜蒸饺

原料

面皮

面粉…………… 300 克
开水………… 160 毫升

馅料

猪肉…………… 320 克

调料

酱油…………… 1 汤匙
料酒…………… 2 茶匙
白糖………… 1/2 茶匙
鸡蛋清…………… 1 个
香油………… 1/2 茶匙
鸡精……………… 少许
盐………………… 适量

装饰

豇豆……………… 适量
胡萝卜…………… 适量
嫩玉米粒………… 适量
水发香菇………… 适量

做法

❶ 开水倒入面粉中，边倒边用筷子迅速搅拌。
❷ 按照第 92~93 页的方法揉成光滑的面团，盖上湿纱布醒 30 分钟。
❸ 猪肉剁成末，放入所有调料，朝一个方向搅拌上劲。
❹ 豇豆、胡萝卜、嫩玉米粒和水发香菇分别切末。
❺ 醒好的面团搓成长条，分成每个约 15 克重的剂子。
❻ 剂子按扁，擀成中间厚、边缘薄的面皮。
❼ 放入适量馅料。
❽ 面皮对折，中间捏合，两头不封口。
❾ 将余下两边的面皮中间向中心捏合，使之形成四个孔眼。
❿ 四个孔眼相邻的边捏合。
⓫ 分别放入装饰用料，四喜饺就包好了。
⓬ 蒸锅放水，蒸箅刷油，放入饺子，大火蒸 15 分钟即可。

TIPS

1. 装饰用料可根据个人喜好选择，搭配好颜色即可。
2. 饺子皮不要擀得太薄，以免饺子蒸好后变形。

1
2
3
4
5
6
7
8
9
10
11
12

玉米花朵蒸饺

原料

面皮

玉米面…………… 80 克
面粉…………… 100 克
开水………… 100 毫升

馅料

猪肉…………… 130 克
胡萝卜…………… 50 克

调料

酱油………… 2/3 茶匙
料酒…………… 1 茶匙
白糖………… 1/3 茶匙
鸡蛋清…………… 1 个
香油………… 1/2 茶匙
鸡精……………… 少许
盐………………… 适量

装饰

胡萝卜丁………… 少许

做法

❶ 玉米面与面粉混合，倒入开水后搅匀，按照第 92~93 页的方法揉成光滑的面团，盖上湿纱布醒 20 分钟。
❷ 猪肉剁成末，放入所有调料，朝一个方向搅匀。胡萝卜切末，放入肉末中，继续朝一个方向搅匀。
❸ 醒好的面团搓成长条，分成每个约 15 克重的剂子。
❹ 剂子按扁，擀成中间厚、边缘薄的面皮，放入适量馅料。
❺ 将面皮分成五等份，捏成五角形，顶端留一个小孔不捏合。
❻ 将其中一个角的底部与相邻角的顶端捏合。
❼ 依次将剩余的角捏好，整形。
❽ 在花朵饺顶端的小孔里放一个胡萝卜丁做装饰。笼屉刷油，放入蒸饺。
❾ 蒸锅放水，大火蒸 15 分钟即可。

TIPS

1. 因为面团中有玉米面，所以黏性不及全面粉的大。
2. 将角的底部与相邻角的顶端捏合时用力要轻，以免弄破饺子皮。

1
2
3
4
5
6
7-1
7-2
7-3
7-4
8
9

南瓜花朵蒸饺

原料

面皮

南瓜（去皮去瓤）…… 150 克

面粉…………… 250 克

馅料

猪肉…………… 250 克

调料

酱油…………… 1 汤匙

料酒…………… 1 茶匙

白糖………… 1/2 茶匙

鸡蛋清…………… 1 个

香油………… 1/2 茶匙

鸡精……………… 少许

盐………………… 适量

装饰

胡萝卜丁………… 适量

做法

❶ 南瓜切片蒸熟，捣成泥，趁热加入面粉，按照第 92~93 页的方法揉成光滑的面团，盖上湿纱布醒 30 分钟。

❷ 猪肉剁成末，放入所有调料，朝一个方向搅拌上劲。

❸ 醒好的面团搓成长条，分成每个约 15 克重的剂子。

❹ 剂子按扁，擀成中间厚、边缘薄的面皮，放入适量馅料。

❺ 将面皮分成五等份，捏成五角形，顶端留一个小孔不捏合。

❻ 将其中一个角的底部与相邻角的顶端捏合。

❼ 依次将剩余的角捏好，整成花瓣。

❽ 将花瓣用夹子夹出纹路。

❾ 在花朵饺顶端的小孔里放一个胡萝卜丁做装饰。笼屉刷油，放入蒸饺。

❿ 蒸锅放水，大火蒸 15 分钟即可。

TIPS

面粉要趁南瓜泥还烫的时候放入，这样做出来的蒸饺皮更软。

1
2
3
4
5
6
7-1
7-2
7-3
8
9
10

锅贴

原料

面皮

面粉……………… 200 克
热水………………90 毫升
冷水………………30 毫升

馅料

猪肉……………… 200 克

调料

料酒……………… 1 茶匙
酱油……………… 1 茶匙
白糖………… 1/2 茶匙
鸡蛋清……………… 1 个
香油………… 1/2 茶匙
盐………………… 适量
鸡精……………… 少许

做法

❶ 热水慢慢倒入面粉中，用筷子搅匀，再倒入冷水搅匀，按照第 92~93 页的方法揉成光滑的面团，盖上湿纱布醒 20 分钟。
❷ 猪肉剁成末，放入所有调料，朝一个方向搅拌上劲。
❸ 醒好的面团再揉片刻，然后搓成长条，分成每个约 12 克重的剂子。
❹ 剂子按扁，擀成中间厚、边缘薄的面皮，放入适量馅料。
❺ 面皮对折，中间捏合，两头不封口。
❻ 平底锅烧热倒油，摆入锅贴，煎约半分钟。
❼ 沿锅边倒入水至锅贴的 1/3 处。
❽ 盖上锅盖，焖干。
❾ 锅中水干后打开锅盖，再淋入少许油，煎至锅贴底部金黄香脆即可。

TIPS

煎锅贴时火不要太大，水干后一定要转小火，以免锅贴表面烧焦而中间还未熟透。

TOMATOES
ASD
1
2
3
4
5
6
7
8
9

煎饺

原料

面皮

面粉…………… 250 克
热水………… 110 毫升
冷水…………… 40 毫升

馅料

猪肉…………… 150 克
韭菜…………… 150 克

调料

料酒…………… 1 茶匙
酱油…………… 1 茶匙
白糖………… 1/3 茶匙
鸡蛋清…………… 1 个
香油………… 1/2 茶匙
鸡精……………… 少许
盐………………… 适量

做法

❶ 热水慢慢倒入面粉中，用筷子搅匀，再倒入冷水搅匀，按照第 92~93 页的方法揉成光滑的面团，盖上湿纱布醒 20 分钟。

❷ 猪肉剁成末，放入所有调料，朝一个方向搅匀。

❸ 韭菜洗净沥干，切小段，加少许油搅匀。猪肉末放入韭菜中，搅匀。

❹ 醒好的面团再揉片刻，然后搓成长条，分成每个约 12 克重的剂子。剂子按扁，擀成中间厚、边缘薄的面皮，放入适量馅料。

❺ 从一头开始捏褶。

❻ 包成饺子。

❼ 平底锅烧热倒油，放入饺子，煎约半分钟后沿锅边倒入水至饺子的 1/3 处。盖上锅盖，焖干。

❽ 锅中水干后打开锅盖，再倒少许油，煎至饺子底部金黄香脆。

TIPS

1. 在切成段的韭菜中拌入少许油可以锁住韭菜的水分，防止韭菜拌入肉馅后出水。
2. 煎饺子时火不要太大，水干后一定要转小火，以免饺子表面烧焦而中间还未熟透。

包菜虾皮饼

原料

面皮

面粉…………… 200 克

温水………… 125 毫升

馅料

包菜…………… 200 克

虾皮……………… 12 克

葱花……………… 少许

香油……………… 少许

白糖……………… 少许

盐………………… 少许

做法

❶ 温水倒入面粉中，用筷子搅成絮状。

❷ 按照第 92~93 页的方法揉成光滑的面团，盖上湿纱布醒 20 分钟。

❸ 包菜洗净沥干，切碎，倒入少许香油搅匀。

❹ 炒锅烧热倒油，放入洗净沥干的虾皮，小火炒香。

❺ 炒好的虾皮、盐、白糖和葱花放入包菜中搅匀。

❻ 醒好的面团搓成长条，分成每个约 25 克重的剂子。

❼ 剂子按扁，擀成中间厚、边缘薄的面皮。

❽ 放入适量馅料。

❾ 收口。

❿ 收口朝下放在案板上，按成饼。

⓫ 平底锅烧热倒少许油，放入饼。

⓬ 中小火烙至两面金黄即可。

TIPS

1. 步骤 3 中，将包菜切碎后倒入少许香油可以防止包菜中的水流出来，用普通的食用油代替香油也可以，但是用香油更香。

2. 步骤 4 中，炒虾皮时要用小火，否则容易炒焦。

3. 烙饼时火不要太大，中小火即可，否则容易烙焦。

京东肉饼

原料

面皮

面粉……………… 200 克
温水………… 130 毫升

馅料

猪肉……………… 150 克
葱花………………… 适量

调料

白糖………… 1/3 茶匙
酱油……………… 1 茶匙
料酒……………… 1 茶匙
鸡蛋清……………… 1 个
香油………… 1/2 茶匙
盐…………………… 适量
鸡精………………… 少许

做法

❶ 面粉放入盆中，倒入温水，按照第 92~93 页的方法揉成光滑的面团，盖上湿纱布醒 20 分钟。
② 猪肉剁成末，放入所有调料，朝一个方向搅拌上劲。
❸ 葱花放入肉馅中，搅匀。
④ 醒好的面团搓成长条，再分成每个约 50 克重的剂子。
❺ 剂子擀成约 0.2 厘米厚的圆面片。
⑥ 将面片由边缘至圆心切一刀。
❼ 面片的 3/4 铺上馅料。
⑧ 没有铺馅料的面片折起来，盖在有馅料的地方。
❾ 下半部分再向上折。
⑩ 折成扇形，将边缘稍稍按紧。
⓫ 平底锅烧热倒油，放入做好的饼，盖上锅盖。
⑫ 烙至两面金黄即可。

TIPS

1. 面要和得软一些。
2. 烙饼时，最好盖上锅盖，饼更容易熟透。但是要注意，打开锅盖后要再煎一分钟左右让水汽蒸发，这样烙出来的饼才会外焦里嫩。

3

Chapter

其他类

本章介绍了 8 款简单快手的家庭手作面食，它们既非发面面团类，也非水调面团类。

奶香玉米煎饼

原料

玉米粉…………… 80 克
糯米粉…………… 40 克
牛奶………… 150 毫升
白糖……………… 20 克

做法

❶ 玉米粉、糯米粉和白糖混合。
❷ 倒入牛奶，搅成面糊。
❸ 平底锅烧热倒油，用勺子将适量面糊舀入锅中。
❹ 烙至一面凝固后翻面。
❺ 烙至两面金黄即可。

TIPS

1. 用勺子舀起面糊往下倒，如果面糊呈一条不间断的线说明浓稠适宜。
2. 烙饼时火不要太大，以免将饼烙焦。

西葫芦糊塌子

原料

西葫芦…………150克
鸡蛋………………2个
面粉………………80克
水………………50毫升
白糖…………1/2茶匙
盐………………适量
葱………………适量

做法

❶ 西葫芦洗净擦丝，葱切末。
❷ 鸡蛋打散，加入水搅匀，筛入面粉，搅成面糊。
❸ 西葫芦丝与葱末一起放入面糊中，搅匀。
❹ 平底锅烧热倒油，倒入适量面糊，摊成薄饼。
❺ 中小火烙至两面微黄即可。

TIPS

1. 制作面糊时，用勺子舀起面糊往下倒，如果面糊呈一条不间断的线，说明浓稠适宜。
2. 面饼要尽量摊得薄一些，这样口感更好。

紫薯饼

原料

面皮

紫薯…………… 120 克
糯米粉………… 120 克
白芝麻…………… 适量

馅料

紫薯…………… 100 克
炼乳………………40 克
白糖………………20 克
熟黑芝麻粉…… 1 汤匙

做法

❶ 紫薯蒸熟后去皮，捣成泥。
❷ 取 100 克紫薯泥，加入炼乳、白糖和熟黑芝麻粉搅匀，制成馅料。
❸ 取剩下的紫薯泥，加入 50 克糯米粉，揉成紫薯面团。
❹ 将紫薯面团放入蒸锅，蒸约 10 分钟，取出。
❺ 剩余的 70 克糯米粉放入蒸好的面团中，揉匀。
❻ 分成每个约 30 克重的剂子。
❼ 剂子用手捏成中间厚、边缘薄的面皮。
❽ 放入适量馅料。
❾ 收口，搓成小圆球。
❿ 按成小饼。
⓫ 表面沾上白芝麻。
⓬ 平底锅烧热倒油，放入紫薯饼，烙至两面金黄即可。

TIPS

如果直接将糯米粉与紫薯泥揉成面团，其黏性不会太大，包好后容易裂开。因此，先将一部分糯米粉与紫薯泥揉成面团上锅蒸 10 分钟（增加黏性），再与剩下的糯米粉混合揉匀，这样更好操作。

1
2
3
4
5
6
7
8
9
10
11
12

红糖松糕

原料

黏米粉………… 130 克
糯米粉…………… 80 克
红糖………………… 90 克
热水……………… 90 毫升

做法

❶ 红糖放入热水中，搅至溶化。
❷ 过滤红糖水，晾凉。
❸ 黏米粉与糯米粉混合均匀，倒入红糖水，用手搓成粉末。
❹ 粉末过筛。
❺ 放入刷有一层油的容器中，表面抹平。
❻ 放入蒸锅中，盖上锅盖，大火蒸 40 分钟即可。

TIPS

1. 步骤 3 中，粉末搓至用手能攥成一团，又能再搓散的程度为宜。
2. 过筛后的粉末放入容器后，不要按压表面，轻轻抹平即可。

紫薯松糕

原料

紫薯……………… 150 克
黏米粉………… 120 克
糯米粉……………… 30 克
炼乳……………… 60 克
白糖……………… 20 克

做法

❶ 紫薯蒸熟后去皮，捣成泥。
❷ 黏米粉、糯米粉、白糖和炼乳放入紫薯泥中搅匀。
❸ 搓成湿润的粉末。
❹ 粉末过 2 次筛。
❺ 装入刷有一层油的容器中，表面抹平。
❻ 放入蒸锅中，大火蒸约 50 分钟后取出脱模即可。

TIPS

1. 步骤 3 中，粉末搓至用手能攥成一团，又能再搓散的程度为宜。
2. 粉末第一次过筛时最好用勺子在粗颗粒上按压。
3. 步骤 5 中，粉末装入容器后表面抹平即可，不要按压。

糯米南瓜饼

原料

南瓜（去皮去瓤）…… 100 克
糯米粉………… 160 克
红豆沙……………… 适量
椰蓉……………… 适量

做法

❶ 南瓜切片蒸熟后捣成泥。
❷ 趁热放入糯米粉，用筷子搅匀，揉成团。
❸ 分成每个约 25 克重的剂子。
❹ 剂子捏成中间厚、边缘薄的面皮，放入适量红豆沙。
❺ 慢慢收口。
❻ 搓成球。
❼ 按成饼。
❽ 平底锅烧热倒油，放入饼，小火烙至两面金黄后取出，撒上椰蓉装盘即可。

TIPS

1. 步骤 1 和 2 中，动作要快一些，糯米粉一定要趁南瓜泥热的时候放进去烫一下，这一步很关键，糯米粉烫过之后黏性会比较大，包馅的时候不易裂开。如果等南瓜泥放凉以后再加糯米粉，包馅的时候很难操作。
2. 糯米粉的用量仅做参考，具体用量要根据南瓜泥所含的水分进行调整。
3. 烙饼时火不要太大，以免饼表面烙焦而中间还未熟透。

椰蓉南瓜丸子

原料

面皮

南瓜(去皮去瓤)…… 100 克

糯米粉………… 160 克

馅料

红糖………………… 50 克

熟黑芝麻粉……… 12 克

面粉……………… 1 茶匙

装饰

椰蓉……………… 适量

做法

❶ 南瓜切片蒸熟后捣成泥。

❷ 趁热放入糯米粉，用筷子搅匀，揉成团。

❸ 将馅料中的所有原料放入碗中搅匀。

❹ 面团分成每个约 15 克重的剂子。

❺ 剂子捏成中间厚、边缘薄的面皮。

❻ 放入适量馅料，用虎口收口，搓成丸子。

❼ 锅中放入适量水烧开，放入丸子，中火煮至沸腾后倒入少许凉水，丸子浮起后打开锅盖再煮约 1 分钟。

❽ 捞出沥干装盘，撒上椰蓉即可。

TIPS

1. 步骤 1 和 2 中，动作要快一些，糯米粉一定要趁南瓜泥热的时候放进去烫一下，这一步很关键，糯米粉烫过之后黏性会比较大，包馅的时候不易裂开。如果等南瓜泥放凉以后再加糯米粉，包馅的时候很难操作。

2. 糯米粉的用量仅做参考，具体用量要根据南瓜泥所含的水分进行调整。

糯米糍

原料

糯米粉………… 200 克
淀粉……………… 30 克
白糖……………… 20 克
水…………… 300 毫升
油……………… 30 毫升
红豆沙…………… 适量
椰蓉……………… 适量

做法

❶ 糯米粉、淀粉和白糖混合均匀，加入水和油搅成面糊。
❷ 取一个平底盘，在盘底刷一层油。
❸ 倒入面糊。
❹ 用保鲜膜盖好，用牙签在保鲜膜上扎几个小孔。
❺ 放入蒸锅中，大火蒸约 15 分钟。
❻ 取出晾凉，切成小块面皮。
❼ 戴上一次性手套，将面皮捏薄，放入适量红豆沙。
❽ 收口，搓圆。
❾ 在表面均匀地撒上椰蓉即可。

TIPS

1. 步骤 1 中，加水后要充分搅拌，面糊中不能有颗粒。
2. 蒸熟的面皮要彻底晾凉，也可以放入冰箱冷藏一会儿，这样不容易粘手。
3. 将切成小块的面皮边缘捏薄一些，收口时更容易。

图书在版编目（CIP）数据

儿童高营养面食 / 爱厨房著．—北京：北京科学技术出版社，2021.9
ISBN 978-7-5714-1637-9

Ⅰ．①儿…　Ⅱ．①爱…　Ⅲ．①儿童—面食—食谱　Ⅳ．①TS972.132

中国版本图书馆 CIP 数据核字 (2021) 第 123015 号

策划编辑： 宋　晶
责任编辑： 白　林
图文制作： 天露霖文化
责任印刷： 张　良
出 版 人： 曾庆宇
出版发行： 北京科学技术出版社
社　　址： 北京西直门南大街 16 号
邮政编码： 100035
电话传真： 0086-10-66135495（总编室）
0086-10-66113227（发行部）
网　　址： www.bkydw.cn
印　　刷： 北京印匠彩色印刷有限公司
开　　本： 720 mm × 1000 mm　1/16
印　　张： 11.5
版　　次： 2021 年 9 月第 1 版
印　　次： 2021 年 9 月第 1 次印刷
ISBN 978-7-5714-1637-9

定　价：49.80 元

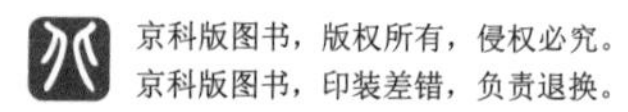